热带林木常见病害
诊断图谱

李增平　张　宇　李振华　著

中国农业出版社

北　京

内 容 简 介

　　《热带林木常见病害诊断图谱》主要针对在中国热区大面积种植的橡胶树、棕榈科植物（槟榔、椰子、油棕、大王棕、鱼尾葵等）、榕树（黄葛榕、小叶榕、印度橡胶榕等）、相思树（台湾相思、耳叶相思、马占相思）、楝科植物（非洲楝、苦楝）、桉树、木麻黄、花梨木、印度紫檀、假苹婆、铁刀木、凤凰木等热带林木上发生的常见病害，介绍病害的分布及危害、症状、病原、发病规律、防治方法。书中结合文字配有侵染性病害的病原物显微图片和所介绍各种病害的典型症状原色图片，图文并茂，易于理解和诊断识别。本书可作为热带地区农林院校植保、农学、园艺等专业学生学习热带林木病害的参考书，也可作为热带地区从事热带林木植物保护和栽培的科技工作者进行热带林木病害诊断及防治的参考工具书。

前　言

　　世界热带地区蕴藏着极为丰富的植物资源，1988年美国著名植物学家P.H.Raven估计，全球高等植物有2/3分布在热带地区。热带森林中一些对人类具有独特用途的林木现已被大面积人工栽培，如橡胶、槟榔、油棕、椰子、木麻黄、桉树、榕树等是海南等热带地区主栽的热带林木，其相关的林木产品已在人们生活中被广泛使用，所产生的经济价值已成为热带地区人民增产致富的主要经济来源，同时热带林木的大面积种植对改善和保护热带地区的生态环境发挥了至关重要的作用。热带地区独特的自然环境和气候条件在造就热带林木种类多样性的同时，也因热带林木大面积种植而导致病虫危害日益严重。台风暴雨、高温强光、低温寒潮等异常气象条件不但能引起盐害、日灼病、寒害等一些非侵染性病害的发生，同时因其所造成的伤口等破坏和降低了热带林木对病虫害的抵抗力，为一些林木病虫的侵染及危害创造了极为有利的条件。例如，橡胶树季风性落叶病、木麻黄青枯病和褐根病、相思树红根病和茎腐病、桉树二孢假芝茎腐病、小蠹虫、天牛、白蚁等热带林木病虫害的危害，给热带林木的生产带来了巨大的经济损失（约19%），其中橡胶树损失大于20%、椰子树损失大于19%。一些病害一直是热带林木产业发展的重要限制因素，如橡胶树南美叶疫病和白粉病、木麻黄褐根病和茎腐病、咖啡锈病、槟榔黄化病和病毒病、椰子致死黄化病等。

　　本书是作者结合30多年的田间植物病害调查诊断经验和病害图片拍摄，同时融入30多年来对热带林木病害研究的科研成果。全书共分五部分，第一部分橡胶树病害，第二部分棕榈科植物病害，第三部分木麻黄、桉树、榕树病害，第四部分相思树、楝科植物病害，第五部分其他热带林木病害。本书主要介绍了橡胶、槟榔、椰子、油棕、木麻黄、桉树、相思树等30多种重要热带林木上发生的常见病害，特别是由灵芝菌、假芝菌、棕榈浅孔菌等大型病原真菌引起的一些热带林木根腐病、茎腐病和柄腐病，均是作者团队多年来完成其柯赫法则验证的主要科研成果。书中结合文字配有病原物显微图片141幅、主要热带林木病害的典型症状原色图片1 367幅（其中引用5幅），图文并茂，易于理解和识别。本书可作为云南、海南、广东、广西等热带地区农林院校的植保、农学、园艺等专业学生学习热带林木病害的参考书，也是热带林业植保科教工作者及技术人员进行田间热带林木病害识别、诊断、测报、防治的参考工具书。

本书得到国家天然橡胶产业技术体系病害防控岗位张宇教授、海南大学热带农林学院的领导和老师的大力支持，以及海南天然橡胶产业集团股份有限公司李振华研究员、云南省景洪市东风农场宋泽兴等专家的帮助。

由于时间和能力等原因，书中还存在不足之处，敬请读者批评指正。

目　录

第二部分　棕榈科植物病害

二、楝科植物病害 / 294

第五部分　其他热带林木病害

第一部分 橡胶树病害

橡胶树属大戟科、橡胶树属（*Hevea* Aubl.），栽培种为巴西橡胶树（*Hevea brasiliensis*）。国内外已报道的橡胶树病害有100多种，每年因病害造成的干胶产量损失为10%～15%。发生较为严重的传染性病害有白粉病、炭疽病、季风性落叶病、割面条溃疡病、棒孢霉落叶病、褐皮病、红根病、褐根病等。非侵染性病害主要有寒害、旱害、除草剂药害等。目前尚未发现有细菌和病毒引起的橡胶树病害。

橡胶树白粉病

【分布及危害】 此病1918年在印度尼西亚爪哇首次被发现，国内1951年在海南被发现，目前发展为海南、广东、云南和福建等植胶区每年春季发生的重大流行性病害之一，与橡胶树炭疽病合称为生产上春季重点防治的"两病"。橡胶树白粉病病菌只侵染橡胶树的嫩叶（古铜叶和淡绿叶）、嫩芽、嫩梢和花序等幼嫩组织，不侵染老叶，但可在老叶的癣状斑上存活；发病严重时，引起橡胶树大量落叶、落花，从而推迟开割时间30天以上，干胶产量下降8%~50%。

【症状】 发病初期嫩叶的正反面特别是叶脉处呈现辐射状的银白色蜘蛛丝状菌丝，随后其上产生大量的白色粉状物（分生孢子梗和分生孢子），形成大小不一的白粉病斑，即新鲜活动斑，重病叶布满白粉，皱缩畸形、失水萎蔫后脱落；淡绿叶的叶脉发病后叶片老化，病斑以上的叶尖组织发黄萎缩干枯，形成类似炭疽病的症状，但病健交界处不明显，病斑处可见残留的少量灰白色粉状物。嫩叶上的新鲜活动斑可随气温的升高和橡胶树叶片的老化发展为红斑、老叶癣状斑、黄斑和褐色坏死斑。发病后气温升高，嫩叶新鲜活动斑上的白色粉状物逐渐减少，病斑变红形成红斑，红斑再遇低温时又可产生分生孢子转变为新鲜活动斑；随着气温升高和橡胶树叶片老化，原新鲜活动斑上的病菌分生孢子大量死亡，仅少量存活，白色粉斑变为灰白色，形成老叶癣状斑；气温再次升高，当老叶病斑上的白粉状物完全消失后，病斑正面变黄形成黄斑；气温继续升高，老叶病斑上的白色粉状物消失，病部组织变褐坏死，形成褐色坏死斑（图1-1）。嫩梢与花序染病后，表面覆盖一层白色粉状物，严重发病的嫩芽坏死、花蕾全部脱落（图1-2）。

古铜叶上的银白色蜘蛛丝状菌丝　　　　　　　　　淡绿叶上的银白色蜘蛛丝状菌丝

重病的古铜叶皱缩畸形

满布白色粉状物的淡绿叶

重病的淡绿叶皱缩后变黄脱落

叶脉发病的老化叶叶尖干枯似炭疽病症状

古铜嫩叶上的新鲜活动斑

淡绿嫩叶上的新鲜活动斑

嫩叶上的红斑 老化叶上的老叶癣状斑

老化叶上的黄斑 老化叶上的褐色坏死斑

图1-1 橡胶树白粉病的五种病斑（李增平 摄）

嫩梢发病症状

花序发病症状

图1-2　橡胶树白粉病的嫩梢及花序发病症状（李增平　摄）

【病原】　病菌无性阶段为半知菌类、丝孢纲、丝孢目、粉孢属的橡胶粉孢（*Oidium heveae* Steinmann），其有性阶段尚未发现，分子鉴定表明其为白粉菌属（*Erysiphe*）的子囊菌。病菌的菌丝体生于寄主表面，无色透明，有分隔，直径5～8μm，以梨形吸器侵入寄主体内吸取营养。分生孢子梗无色，在表生菌丝上单生，直立不分枝，具2～3个隔膜，分生孢子梗顶端串生分生孢子。分生孢子卵圆形或椭圆形，无色透明，单胞，大小（27～45）μm×（15～25）μm（图1-3）。

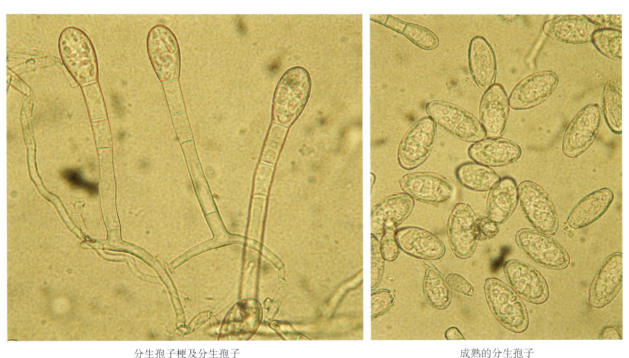

分生孢子梗及分生孢子　　　　　　　　　　　成熟的分生孢子

图1-3　橡胶粉孢的分生孢子梗及分生孢子（李增平　摄）

【发病规律】　橡胶树白粉病全年均可发生，但流行于橡胶树大量抽嫩叶的春季，比较喜欢阴湿、浓雾和毛雨天气。病菌在苗圃幼苗、风断树嫩梢、林下自生苗、野生寄主（马占相思、假败酱等）及冬季橡胶树未脱落的老病叶上越冬，通过气流传播分生孢子成为翌年春季的初侵染源；病菌孢子萌发的最适温度为16～32℃，侵染、病斑扩展和产生分生孢子的适宜温度为15～25℃，一般4～8天繁殖一代，潜育期5～8天。分生孢子成熟后，又借气流传播再侵染加重病情。当橡胶树叶片物候处于淡绿后期或老化初期，如遭遇长时间的高温干旱少雨，白粉病发生严重的橡胶林其叶片会大量变黄脱落（图1-4）。

图1-4　橡胶树白粉病发生严重时遇高温干旱叶片变黄易脱落（李增平 摄）

【防治方法】　白粉病的防治要贯彻"预防为主，综合防治"的方针，综合运用品种抗性、农业防治和化学防治等措施。

1. **选种抗病品种**。无性系LCB870，其抽叶物候期短（抽叶后12～14天老化），具避病特性。RRIC52、RRIC100、101、103等抗病，1103、1108耐病。大面积栽培的芽接树中，PP86、RRIM600发病较轻，海垦1号病情中等，PR107、GT1、PB5/51、PR228抗病能力较差。

2. **农业防治**。加强栽培管理，增施肥料，促进橡胶树生长，提高抗病和避病能力，可减轻病害发生和流行。加强割胶生产管理，橡胶树叶片老化稳定后合理安排割胶，根据树势及病情选择开割林段和开割橡胶树。

3. **化学防治**。按越冬防治、中心病株（区）防治、流行期防治、后抽植株防治四个阶段顺序进行，科学合理地选择轮换下列农药进行防治：325筛目的硫磺粉、45%硫磺胶悬剂、15%粉锈宁烟雾剂、8%氟硅唑热雾剂、10%腈菌·咪鲜胺热雾剂（兼防炭疽病）、16%咪鲜·三唑酮热雾剂（兼防炭疽病）等。同时要根据天气情况选择防治药剂，晴天和有阳光、气温达25℃以上应喷硫磺粉，一般每公顷每次用量为12kg；气温较低的阴天喷粉锈宁烟雾剂，一般每公顷每次用量为1.2～1.5kg；烟雾机防治每隔7～10天施药一次。根据病情及天气情况，用药量及施药次数可适当增减（图1-5）。

（1）**越冬防治**。消灭除越冬菌源可减少病害的初侵染来源。在早春橡胶树抽叶以前，剪除断倒树的冬嫩梢2～3次，每株断倒树留2～3条粗壮的嫩梢，并用硫磺粉或硫磺胶悬剂进行局部防治。橡胶苗圃每年从12月开始，根据嫩叶的病情进行喷药防治。

（2）**中心病株（区）防治**。在橡胶树抽叶20%以前，对早抽橡胶树进行一次中心病株（区）调查，并及时进行单株或局部喷药防治，对控制病害的流行有较好的效果。

（3）**流行期防治**。可使用背负式喷粉机、热雾机或无人机喷施硫磺粉、硫磺胶悬剂、粉锈宁热雾剂等农药。在橡胶树抽叶达30%以后，根据病情、物候及未来一周内的天气预报和本地区的短期预报资料，安排好各林段第一次喷粉日期。喷粉时间应选在风力不超过2级时为宜。晚上12点到翌日早晨6点，气流平稳，叶面有露水，最适宜喷粉，雾大或静风白天可连续喷粉。若预报有阴雨天气出现，应提前喷粉；喷粉若遇下雨，要及时补喷。

（4）**后抽植株防治**。新叶70%老化以后，绝大部分橡胶树已安全度过了感病期，但还有少部分抽叶较迟的橡胶树容易染病，此时必须对这些橡胶树进行局部施药防治。

图1-5　橡胶树白粉病防治效果（李增平 摄）

注：图左为防治及时，图右为未防治。

橡胶树割面条溃疡病

【分布及危害】 此病1909年发现于斯里兰卡，是危害橡胶树茎干的一种重要割面病害。斯里兰卡、柬埔寨、马来西亚、印度尼西亚、越南等国均有发生。国内于1961年首次发现于云南西双版纳的实生树上，1962年在海南第一次暴发流行，随后在云南、海南、广东等植胶区均有此病发生，严重受害的树位因病而停割，重病株丧失产胶能力。

【症状】 发病初期，在橡胶树割面的新割线上出现一条至数条、数十条排列成栅栏状的竖直黑线，黑线深达木质部。黑线扩展汇合后形成黑色条斑或块斑，天气潮湿时病斑表面长出白色霉状物（病菌的菌丝体和孢子囊）。块斑会因天气变化和病情发展呈现急性扩展型块斑、慢性扩展型块斑和稳定型块斑三种类型；高温干旱条件下，急性扩展型块斑可转化为慢性扩展型块斑和稳定型块斑；低温阴雨条件下，慢性扩展型块斑和稳定型块斑可转化为急性扩展型块斑。老割面或原生皮发病，皮下溢胶导致皮层爆裂、隆起，具弹性，木质部变黑褐色。橡胶树茎干发病部位组织后期易遭小蠹虫等害虫蛀食和木腐菌定殖而腐朽，有时会流胶或渗出铁锈色的液体，病部出现较大的凹坑，重病植株易受风折断而损毁（图1-6）。

割面上排列成栅栏状的黑线

割面上竖直的黑线

黑线深达木质部

急性扩展型块斑：割面上的黑色小块斑

急性扩展型块斑：块斑深达木质部并呈褐色

急性扩展型块斑：黑色块斑及表面生长的灰白色霉状物

割线上方再生皮鼓包并爆胶

鼓包下的急性扩展型病斑

再生皮溢胶　　　　　　　溢胶下方的黑线　　　　　　溢胶下方的慢性扩展型病斑

防治后病斑处组织生长愈合　　未防治的病斑木质部腐朽　　未防治的病斑木质部被虫蛀

图1-6　橡胶树割面条溃疡病症状

注：除第一张图割面上排列成栅栏状的黑线为黄朝豪拍摄外，其余图片均为李增平拍摄。

【病原】　为藻物界、卵菌门、卵菌纲、霜霉目、疫霉属的多种疫霉菌（*Phytophthora* spp.）引起。国外报有棕榈疫霉（*Phytophthora palmivora*）、簇囊疫霉（*P. botryosa*）、蜜色疫霉（*P. meadii*）、柑橘褐腐疫霉（*P. citrophthora*）、寄生疫霉（*P. parasitica*）、辣椒疫霉（*P. capsici*）6个种。1990年张开明等鉴定海南和云南植胶区的病菌有柑橘褐腐疫霉、辣椒疫霉、寄生疫霉、蜜色疫霉和棕榈疫霉5个种，柑橘褐腐疫霉为主要致病菌。柑橘褐腐疫霉在胡萝卜琼脂（carrot agar，CA）培养基上的菌落呈花瓣状。孢囊梗不规则分枝。孢子囊乳突明显，多为单乳突。孢子囊呈倒梨形、长倒梨形、卵形、椭圆形、葫芦形或不规则形（图1-7）。

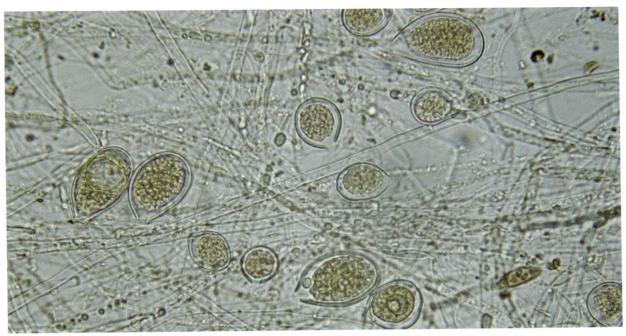

图1-7　橡胶树割面条溃疡病病菌的无隔菌丝和游动孢子囊（李增平 摄）

【发病规律】　病菌的初侵染来源为在割面条溃疡病的老病灶、季风性落叶病的病枝、病果、土壤中越冬的菌丝体或卵孢子，以及橡胶园内外染病的其他寄主植物。翌年季风雨季节，遇连续的降雨或高湿条件，开割橡胶树发生季风性落叶病后，病菌随雨水沿橡胶树茎干传到新割线上，从伤口处侵入引发割面条溃疡病；进入秋冬季，遇相对湿度90%以上的潮湿冷凉天气，潜伏于病组织和土壤中的病菌产生孢子囊或游动孢子，借风雨传播到橡胶树低割线的伤口上侵入引起发病，潜育期1～3天。到冬季天气转冷，停止割胶后，无新的割胶伤口时，病菌活动停止，进入越冬。

病菌的寄主范围广，可侵染橡胶树、可可、胡椒、槟榔、椰子、剑麻、肉桂、木菠萝、柑橘和番木瓜等数十种热带植物。

割面条溃疡病在每年7—12月的割胶期易发生。发生季风性落叶病的林段未停割、处理不及时易发生严重的割面条溃疡病。降雨或高湿度尤其是持续的毛毛雨天气是条溃疡病菌侵染的主要条件，高湿加冷凉气温是导致病斑扩展、烂树的主要因素。其发生流行与橡胶树品种抗性、植胶环境、割胶技术和割制、天气条件等密切相关。一般芽接树比实生树易发病。在芽接树中，PB86最易感病，RRIM600、PR107次之，GT1、RRIM513、RRIM603感病较轻。在实生树中，幼龄树病害重，老龄树病害较轻。高产橡胶树、长流橡胶树易发病，低产树病较轻。凡地势低洼、易积水、种植过密、郁闭度大、失管荒芜、通风透光不良，以及靠近居民点、水库、河沟的林段，因林间湿度大，割面潮湿后不易干燥，有利于病菌的繁殖和侵染，易发病；橡胶园附近有槟榔园、胡椒园等的橡胶树易发病。

【防治方法】　采取农业措施、物理措施为主，辅以化学防治相结合的综合防控措施，实施健康栽培、科学割胶、冬季割胶"一浅四不割"、安装防雨帽、发病初期及时施药等配套防控措施。

1. **健康栽培，科学管理。**坡地修环山行，平地修排水沟，合理施肥，加强林段抚育管理。雨季前，砍除防护林下层枝叶和橡胶园内的藤蔓、灌木、杂草，修除橡胶树下垂枝，进行树位清理；排除橡胶园内的积水，降低林间湿度，使之通风透光，利于树皮干燥，创造不利于病菌传播和侵染的条件，控制和减轻病害发生。

2. **科学割胶，低频割胶。**避免强度割胶，合理安排全年各月的割次，提高割胶技术水平，少伤树，或实施短线气刺割胶等5天一刀或7天一刀的低频割胶制度。

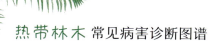

3.**冬季割胶实施"一浅四不割"的安全割胶措施。**"一浅"就是适当浅割，留皮0.15cm。"四不割"：一是早上8时，气温在15℃以下，当天不割；二是毛毛雨天气或割面树皮不干时不割；三是在冬季，芽接树前垂线离地面50cm以下、实生树前垂线离地面30cm以下的橡胶树不进行低割线割胶，要转高割线割胶（图1-8）；四是病株出现1cm以上的病斑，在未经治疗处理前不割，割面黑线密集的病株，应加强施药控制或暂时停割。

4.**安装防雨帽。**在发生季风性落叶病的开割橡胶园全面安装油毡或塑料防雨帽，阻隔树冠病菌随雨水携带沿橡胶树茎干向下传播到割线上引起发病（图1-9）。

5.**及时施药防治。**在病害易发期应根据天气和病情，及时进行涂药防治。发病期可选用0.2%～0.4%瑞毒霉缓释剂、5%～7%乙磷铝缓释剂、1%敌菌丹、1%～2%敌克松水剂、1%甲霜灵·锰锌糊剂等药剂，在割胶当天涂布割线。每7天左右施药一次进行防治。出现黑线的病株，及时涂抹有效成分为1%的瑞毒霉或7%的乙磷铝水剂2次；已形成条斑或小块斑的割面，选晴天先用刀削除病部表皮后，切口修成近梭形，再用瑞毒霉或乙磷铝涂施2次，病情控制后用凡士林或1:1的松香棕油涂封病健交界处的伤口，病部木质部可喷杀虫剂防虫蛀，半个月后，再涂封低酸煤焦油或1:1的沥青柴油合剂进行防腐。

前垂线低于50cm   冬季转高线割胶

图1-8 前垂线较低的冬季转高线割胶（李增平 摄）

黑色塑料螺旋形油毡防雨帽   白色塑料双层防雨帽（柬埔寨）

图1-9 橡胶树茎干上安装油毡和塑料防雨帽（李增平 摄）

橡胶树季风性落叶病

【分布及危害】　此病是每年季风雨季节易发生的一种橡胶树流行性病害，1909年首先发现于斯里兰卡和印度。国内于1965年在云南西双版纳首次被发现。2011—2023年此病在云南普洱江城橡胶公司，以及勐捧、东风、景洪、勐腊、勐满等农场均有不同程度的发生流行。2020—2024年在海南儋州、白沙、琼海、琼中、屯昌、临高、万宁等地均有发生，特别是一些民营橡胶园发生较严重。季风性落叶病主要危害橡胶树的叶片、绿色枝条和绿色胶果，被害橡胶树叶片脱落严重，小枝条回枯，树势衰弱，造成胶乳产量下降。其病菌还可被雨水携带沿橡胶树茎干传播到割面的新割口上引发割面条溃疡病。

【症状】　病菌可侵染橡胶树叶片、嫩梢和胶果，引起落叶、梢枯及果腐。

落叶：叶片染病，叶面呈现暗绿色、灰褐色或黑褐色水渍状病斑，病斑上溢出细小的白色凝胶，随后病叶变黄或变紫红色脱落。此病的典型症状是部分老叶的大叶柄基部先发病，初期呈现水渍状褐色条斑，后变黑色，并在病部溢出1～2滴白色凝胶，整张绿色叶片失绿发黄，连同大叶柄一同脱落（图1-10）。

叶片上的灰褐色病斑及白色凝胶

叶片上的黑色病斑及白色凝胶

大叶柄上的黑色病斑及白色凝胶

大叶柄上的褐色病斑及白色凝胶

发病橡胶树大量落叶　　　　　　　发生季风性落叶病后引发割面条溃疡病

图1-10　橡胶树季风性落叶病症状（李增平　摄）

梢枯：橡胶树的树冠中、下层枝条梢端组织先发病，呈现水渍状褐色或黑色病斑，上下呈环状扩展，病部组织变黑下陷，叶片呈青绿色萎蔫脱落或挂在枝条上不脱落，后期病梢变黑皱缩并干枯（图1-11）。

嫩梢上的黑色凹陷病斑　　　　　　　　重病嫩梢变黑皱缩

病株中、下层嫩梢上的叶片枯死脱落　　　　　发病嫩梢回枯

图1-11　橡胶树季风性落叶病枝梢病发症状（李增平　摄）

果腐：绿色胶果发病初期果面呈现水渍状褐色病斑，溢出白色凝胶，病斑扩展后全果腐烂。天气潮湿时，病果表面上长出白色霉层。部分重病果脱落，但多数病果不脱落，后期失水干缩变黑，形成僵果。

【病原】 为藻物界、卵菌门、卵菌纲、疫霉属的多种疫霉菌（*Phytophthora* spp.）引起，同橡胶割面条溃疡病菌（图1-12）。

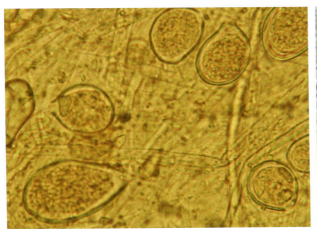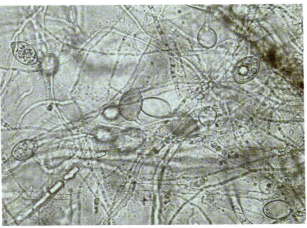

图1-12 橡胶树季风性落叶病病菌的孢子囊（李增平 摄）

【发病规律】 带菌的僵果、枝条是此病的主要初侵染来源，割面条溃疡病病斑及带菌的土壤也是此病的初侵染来源。每年季风雨季节，在连续阴雨潮湿的气象条件下，来自橡胶园附近其他作物病株上的病菌产生的游动孢子，或橡胶树树冠上带菌的僵果和枝条上产生孢子囊并释放出游动孢子，借风雨传播到橡胶树绿色叶片、嫩梢和胶果上侵入引起发病。发病后的病组织又可产生孢子囊和游动孢子传播后进行多次再侵染，病害逐渐加重或发生流行。干旱季节病害停止发展，病菌留存在僵果、病枝梢、病割面和土壤中存活。季风性落叶病发生后未及时停割和处理割面，易引起较为严重的割面条溃疡病发生。

潮湿、温凉的天气是导致橡胶树季风性落叶病发生蔓延的基本条件，降水量的多少和持续时间的长短则决定着发病橡胶树的落叶程度和落叶持续时间的长短，季风雨季节的连续降水是病害流行的主要条件。橡胶园林地为沟谷、下坡地，靠近河流、水库等，林地内低洼潮湿、荫蔽度较大、树冠低矮、密植等造成通风透光不良、林间湿度大易发生较为严重的季风性落叶病；橡胶园附近有槟榔园、胡椒园等也易发病。RRIM600、PB86等橡胶树品系易感病，PR107、GT1、PB5/51等橡胶无性系易感病。

【防治方法】 实施农业防治与化学防治相结合的综合治理措施。

1.农业防治。加强对林段的抚育管理，易发病地区在每年季风雨季节来临前及时砍除林段内、林段边缘和防护林带内的灌木、高草、橡胶树较低的下垂枝，修通排水沟，防止橡胶园内积水，使橡胶园通风透光，降低林间湿度，减轻病害发生。

2.密切关注发生过橡胶树割面条溃疡病的林段。橡胶树割面条溃疡病的病菌在季风雨季节可从老病灶处、病土中随风雨和雨滴溅射传播到橡胶树低层树枝的叶片上，引发季风性落叶病；进入冬季后，季风性落叶病病组织上产生的病菌又可被雨水携带沿橡胶树茎干传播到新割线上引发割面条溃疡病。因此，对橡胶树割面条溃疡病易发生的林段，可在季风雨季节来临前及时砍除橡胶树下垂枝，必要时可对割面条溃疡病老病灶及地面喷药杀灭病菌。

3.化学防治。幼树林段，发病初期选用1%波尔多液（可加入少量木薯粉浆）喷雾，每隔7～10天喷雾一次，共喷2～3次。马来西亚使用铜油剂（1.13～1.50kg氯氧化铜溶解于13.5～18.0kg无毒油中），用热雾机喷洒1.7kg/hm²，防治开割橡胶树效果较好。印度用1%波尔多液＋0.2%硫酸锌喷雾也有较好防效，喷药前需将林段内的胶杯倒放，避免铜离子污染胶乳。

橡胶树割面霉腐病

【分布及危害】　此病1915年首次发现于马来西亚，是橡胶树上秋冬季易发生的一种重要割面病害。我国1954年在海南垦区发现此病。海南儋州等地胶园9—11月易发病。霉腐病主要危害橡胶树新割面的表皮，重病株割面表皮腐烂，露出木质部后，易遭小蠹虫蛀食和被强风吹断。

【症状】　发病初期在新割面的表皮呈现略微凹陷的暗褐色病斑，后变黑色，似烂甘薯皮状。病斑扩展汇合后成为一条与割线平行相连或断续下陷的黑带，胶工称为割面"发乌"，腐烂表皮下的木质部变蓝黑色，变色深度小于0.6mm。潮湿条件下病部表面产生灰褐色霉状物和长约0.5mm的细小黑色刺毛状物（病菌的子囊壳）（图1-13）。

发病初期割面上呈现的下陷黑带

割面上的灰褐色霉状物及黑色刺毛状物

病斑上长出灰褐色霉状物

病斑上长出黑色刺毛状物（子囊壳长颈）

图1-13　橡胶树割面霉腐病症状（李增平 摄）

【病原】　为子囊菌、核菌纲、球壳目、长喙壳属的甘薯长喙壳（*Ceratocystis fimbriata* Ell. et Halst）。菌丝体橄榄褐色，有隔膜。子囊壳黑色，近球形，有长颈，孔口裂成须状；子囊孢子无色透明，椭圆形，两边不等长，向一边弯曲，大小（7～10）μm×（2～4）μm。病菌无性繁殖可产生暗黑色的分生孢子和厚垣孢子（图1-14）。

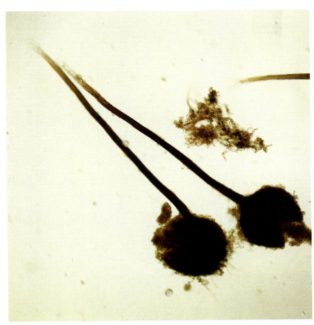
具长颈的子囊壳

病菌子囊壳长颈顶端孔口须状开裂

图1-14　橡胶树割面霉腐病病菌（李增平　摄）

【发病规律】　病害多发生于秋冬季，高温干旱季节病害停止发展。低洼排水不良、郁闭度大、失管荒芜的林段发病重。尤其是低温阴雨天气，树身不干时割胶，割胶强度大、深割伤树多的树位，病害容易发生。病菌可通过胶刀等割胶工具传播，气流及昆虫也能做短距离的传播。

【防治方法】

1.**农业防治**。加强林段抚育管理，雨季前砍除防风林下和林段内的藤蔓、灌木和高草，修除下垂枝，使林段通风透光，降低林内湿度。提高割胶技术，少伤树，坚持树身干燥后才进行割胶，多雨地区每年进入9月后适当浅割。

2.**药剂防治**。在病害发生季节，发病树位割胶时用75%酒精或5%石炭酸消毒胶刀，防止病菌传播；按病情、气候状况，冬季每周喷射一次1%敌菌丹或0.25%苯来特。

橡胶树割面腐烂病

【分布及危害】 此病在海南和云南的开割橡胶树上均有发生。主要危害受伤的割面，造成割面表皮组织变褐腐烂。

【症状】 病菌主要侵染橡胶树茎干割面的再生皮。发病初期，树皮出现褐色斑点，进一步发展为水渍状褐色湿腐状块斑，木质部组织及导管变褐色细线状，后期在凹陷病斑表面长出灰白色或黄褐色粉状物（病菌的分生孢子）；重病橡胶树树冠叶片失绿发黄，生长不良（图1-15）。

【病原】 为半知菌类、丝孢纲、瘤痤孢目、镰孢属的腐皮镰刀菌 [*Fusarium solani* （Mart.） App. et Wollenw]（图1-16）。

病株叶片失绿发黄且生长不良

严重发病的橡胶树割面

割面上凹陷的褐色条斑

病斑下的木质部组织及维管束变褐色细线状

割面上凹陷的黄褐色块斑

块斑下的木质部组织及维管束变黑褐色

病斑表面长出的灰白色粉状物

病斑表面长出的黄褐色粉状物

图1-15　橡胶树割面腐烂病症状（李增平　摄）

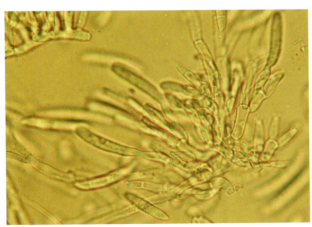

病菌的分生孢子座

病菌的大型和小型分生孢子

图1-16　橡胶树割面腐烂病病菌的分生孢子（李增平　摄）

【发病规律】　海南、云南7—9月高温潮湿季节割胶过深、伤树易发生此病。割面受其他机械伤等也易发病。

【防治方法】

1.农业防治。加强橡胶园管理，降低林间湿度。雨季避免碰击树干伤树，割胶不要过深，割面树皮干燥后再进行割胶。

2.药剂防治。发病树位及时用多菌灵等药剂喷雾割面，重病株刮除病部组织后再喷药。

橡胶树回枯病

【分布及危害】 2017年7—8月，首次在海南省万宁新中农场、琼中加钗农场的橡胶幼树上发现此病。此病主要危害2～4年生的橡胶幼树。新中农场热研73397品系发病面积约267hm²，发病率1.9%～50.0%，枯死率0.4%～40.0%。加钗农场PR107品系发病面积约66.7hm²，枯死率最高达5.8%。2018年3月，在云南省临沧市镇康县10年生的PR107、RRIM600品系混种树位也发现有回枯病，田间发病率高达40%。2024年，西岭农场热研879、新中农场热研879、西庆农场热研73397幼龄橡胶树部分发生了回枯病。橡胶树回枯病主要危害幼龄橡胶树，也可危害开割橡胶树，造成橡胶树叶片失绿发黄后脱落、枯枝，重病株整株枯死。

【症状】 发病橡胶树先从树冠顶端枝条开始，叶片失绿发黄后脱落，落叶后的小枝开始干枯，梢端干缩呈鼠尾状，内部组织变褐，扩展到主干并向下蔓延到根茎部，地上部回枯，横切茎干基部可见木质部有沿主干中央向外呈扇形或放射状扩展的蓝色病变，发病后期整株枯死。有的病株茎干皮层组织干枯开裂或呈纵向条带状坏死，部分病株茎干表面溢出流胶（图1-17）。

| 幼树树冠稀疏 | 枝条回枯 | 梢端枯死呈鼠尾状 |
| 幼树回枯茎干伴随流胶 | 茎干带状回枯 | 茎干纵向木质部蓝变 |

幼树回枯病茎基部纵向木质部蓝变

幼树回枯病茎基部横向木质部蓝变

开割树发病树冠稀疏

整株枯死

初期叶片失绿发黄并变小

中期叶片脱落，小枝回枯

后期地上部枯死

茎干基部木质部蓝变（纵切）

茎干基部木质部蓝变（横切）

图1-17　橡胶树回枯病症状（李增平 摄）

【病原】　为半知菌类、腔孢纲、球壳孢目、毛色二孢属的可可毛色二孢 [*Lasiodiplodia theobromae* (Pat.) Criff. et Maubl.]。病菌在马铃薯葡萄糖琼脂（patato dextrose agar，PDA）培养基中菌落呈圆形，白色，辐射生长，絮状，老化后变为蓝黑色至黑色，边缘整齐。病菌的分生孢子器呈近球形，黑色，直径135～309 μm,平均直径203 μm；分生孢子两型，初期为单胞无色，后期双胞褐色，褐色双胞孢子表面长有纵脊，分生孢子大小（23.53～37.18）μm×（13.49～20.28）μm，平均28.14 μm×15.69 μm（图1-18）。

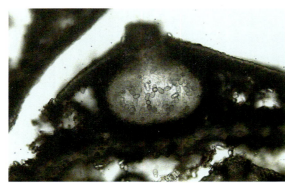

分生孢子器

分生孢子（双胞）

图1-18　可可毛色二孢的分生孢子器及分生孢子（李增平 摄）

【发病规律】　病菌主要通过气流传播分生孢子，从橡胶树枝条或茎干上的机械伤或虫伤等伤口处侵入引起发病。可可毛色二孢菌寄主广泛，可侵染菠萝、番木瓜、柚子、木菠萝、芒果、香蕉、柑橘、番石榴、无花果、腰果、可可、山竹、桑树、麻风树、桉树、沉香、木薯等植物的果实、叶片、枝干或根，引起焦腐、蒂腐、溃疡、枝枯、流胶、回枯和根腐等症状。在橡胶树上以分生孢子先侵染受伤的小枝条并向下蔓延引起回枯，嫩茎被侵染后发病迅速，易枯死。海南橡胶幼树回枯病主要发生在3—7月，橡胶园高温干旱后遇连续降雨，林间排水不良易发病。橡胶园土壤贫瘠、地面植被少或无覆盖物、阳光直射暴晒的时间长、橡胶树抗性弱时发病严重。橡胶树茎干、枝条受虫害，易发病。

【防治方法】

1.**科学管理**。橡胶苗定植后加强田间肥水管理、林下种植豆科植物进行覆盖，提高幼树抗病力，预防病害发生。

2.**物理防治**。及时挖除病死株销毁。对发现枝枯的病株，及时剪除枯枝；重病株则锯掉发病树干，直至木质部无变色的健康区域；病穴撒生石灰消毒，防治病害蔓延传播。

3.**药剂防治**。可选用多菌灵、咪鲜胺、咯菌腈、异菌脲、苯醚甲环唑、嘧菌酯等药剂对病株的剪切口喷雾防治。

橡胶树枯萎病

【分布及危害】　此病2017年8月在海南万宁新中农场3年生的橡胶幼树上被发现，2018年3月在乐东山荣农场近2年生的热研73397橡胶幼树也有发生，2024年5月在西庆农场2年生的热研73397、热研72059幼树因病枯死500多株，田间发病率5.6%。云南勐腊和国外的柬埔寨部分橡胶园也有此病发生。主要危害幼龄橡胶树，造成橡胶树自上而下回枯和整株枯死。

【症状】　主要危害定植1～3年的幼树。田间发病幼树顶梢自上而下回枯变褐，呈现"半边死"症状。枯死枝条、茎干木质部髓心变褐，木质部横切面有零散分布的褐色病变。有的幼树基部茎干一侧的树皮爆裂溢胶，溢胶凝固变黑，削去表皮，韧皮部组织变黄褐色至褐色，木质组织有变褐色的纵向条纹，条纹直达同一侧的基部根系（图1-19）。

【病原】　为半知菌类、丝孢纲、瘤座孢目、镰刀菌属的尖孢镰刀菌（*Fusarium oxysporum* Schl.）和腐皮镰刀菌 [*F. solani*（Mart.）Sacc.]。

尖孢镰刀菌是一种分布较广的土传病原真菌，寄主范围广，可寄生葫芦科、茄科、芭蕉科、锦葵科、豆科、西番莲科等100多种植物，引起枯萎、根腐、茎腐等病害。在PDA平板培养基上的

幼树叶片变黄脱落

幼树地上部枯死

幼树茎干溢胶

幼树茎干木质部变褐

幼树枝条半边死

幼树茎干木质部变褐

幼树枝条髓心变褐

木质部变褐

幼苗回枯　　　　幼苗一侧茎干变褐坏死　　　　幼苗一侧小根变褐坏死　　　　幼苗木质部变褐

10年生橡胶树枯枝　　　10年生橡胶树半边死　　　茎干流胶　　　茎干木质部变褐

开割橡胶树叶片失绿发黄，变褐脱落　　　开割橡胶树茎基主干横切，木质部可见褐色病变

图1-19　橡胶树枯萎病症状（李增平 摄）

菌落呈絮状突起，略带有紫色，菌丝白色质地较密。小型分生孢子卵形或肾形，单胞，无色，大小 (5.0 ～ 12.0) μm×(2.0 ～ 3.5) μm，常在产孢细胞为酒瓶形的小梗顶端聚成球形；大型分生孢子镰刀形，无色，多胞，多数 3 个隔膜，少许弯曲，两端细胞稍尖，大小 (19.6 ～ 39.4) μm×(3.5 ～ 5.0) μm。厚垣孢子间生或顶生于菌丝上，球形，淡黄色，单生或串生（图 1-20）。

腐皮镰刀菌可引起核桃、甘薯、龙蒿草、粉葛、大豆等一些植物的根腐病和甜椒等的果腐病。在 PDA 培养基上的菌落呈灰白色，具明显的环状轮纹，气生菌丝发达，密绒状。大型分生孢子呈纺锤形，无色，短而胖，稍弯，两端较钝，顶胞钝圆，基胞有足跟，壁较厚，通常 2 ～ 3 个隔膜，大小 (15.0 ～ 43.4) μm×(2.8 ～ 5.0) μm。小型分生孢子卵形或肾形，无色，0 ～ 1 个隔膜，大小 (8.0 ～ 16.4) μm×(2.5 ～ 4.0) μm（图 1-20）。

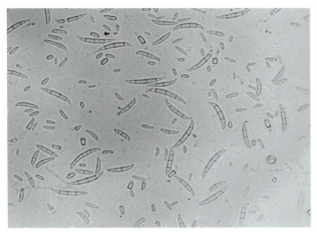
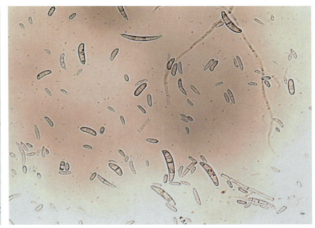

尖孢镰刀菌　　　　　　　　　　　　　　腐皮镰刀菌

图 1-20　尖孢镰刀菌和腐皮镰刀菌的分生孢子（李增平 摄）

【发病规律】　幼树林间间种香蕉等作物，田间作业时损伤橡胶树茎干易发病；林地为粗砂地，橡胶园土壤贫瘠，多沙石，无覆盖，阳光暴晒树头、根系受伤后遇暴雨，橡胶树树头积水时间过长发病重。橡胶苗定植过深易发病。腐皮镰刀菌主要从受伤的橡胶树枝条伤口处侵入引起回枯，而尖孢镰刀菌主要从地面下受伤的根系侵入，引起橡胶树一侧枝条半边枯死。

【防治方法】

1.加强栽培管理。间种其他作物的橡胶园，进行农事操作时避免损伤橡胶树茎干。栽种橡胶苗时避免定植过深。土壤贫瘠的橡胶园，定植橡胶苗时多施腐熟有机肥，增施磷、钾肥，地面种植毛蔓豆、爪哇葛藤等豆科植物，提高橡胶树抗病力。雨季前修通橡胶园排水沟和对松动橡胶树树头进行培土，防止积水利于病菌从受伤的根系侵染及发病。

2.清除病死株。回枯病株剪除枯死枝叶销毁。从根系发病枯死的橡胶树整株挖除销毁，病穴撒石灰粉进行消毒，经过一段时间的太阳暴晒后再进行补植。

3.药剂防治。可选用多菌灵等农药对发病橡胶树的修剪伤口进行喷雾防治。

橡胶树绯腐病

【分布及危害】 此病1909年首次在印度尼西亚爪哇的橡胶树上被发现。中国云南垦区1955年开始发现此病。海南、广西也有发生。近年来，在柬埔寨桔井省春风橡胶种植公司的橡胶园发病较为严重。海南儋州等地橡胶园9—10月易发生此病。此病主要危害橡胶树枝条及茎干。3 ~ 10龄橡胶树受害较重，可引起部分枝条甚至整个树冠枯死，影响橡胶树生长及产胶。

【症状】 病害通常发生在橡胶树树干的第二、三分杈处。发病初期，病部树皮表面出现蜘蛛网状银白色菌索，随后病部逐渐萎缩，下陷，变灰黑色，爆裂流胶，最后出现粉红色泥层状菌膜，皮层腐烂。后期粉红色菌膜变为灰白色。在干燥条件下菌膜呈不规则龟裂。重病枝干，病皮腐烂，露出木质部，病部上方枝条枯死，叶片变褐枯萎（图1-21）。

枝条上的蛛网状银白色菌索　　　　　　　　　　枝干上的粉红色泥层状菌膜

图1-21　橡胶树绯腐病病状（李增平 摄）

【病原】 为担子菌、层菌纲、非褶菌目、伏革菌属的鲑色伏革菌（*Corticium salmonicolor* Berk. et Br.）。菌丝有分隔，初为白色网状，边缘羽毛状。担子果扁平，薄膜状。担子椭圆形，大小58μm×47μm，在菌丝层表面形成一层微黏的光滑平面，担孢子单胞，卵圆形，无色透明，直径（9 ~ 12）μm×（6 ~ 17）μm，担孢子密集成堆时呈橘红色。

【发病规律】 病菌喜高温高湿的气候环境中生长繁殖。寄主范围很广，可寄生橡胶、咖啡、可可、金鸡纳、木菠萝、柑橘、茶树、芒果、樟树等200多种植物。旱季病菌在病组织中潜伏或在野生寄主上度过不良的环境。雨季来临时，形成担孢子和菌膜碎片随风雨传播侵入枝干危害。7—9月高温多雨季节为病害盛发期，3 ~ 10龄橡胶树发病较重，RRIM501、RRIM618等为感病品系。PB86、PR107、GT1等较为抗病。低洼积水、郁闭度大、失管荒芜、通风不良的林段发病重。

【防治方法】

1.农业防治。选育抗病高产品系，抗病品种有PB86、PR107、GT1等。加强林管，雨季前砍除灌木、高草，疏通林段，以降低林间湿度。

2.药剂防治。雨季经常调查，橡胶树发病时，可喷射0.5% ~ 1%波尔多液，每10 ~ 15天喷一次，至病害停止扩展为止。据马来西亚的相关报道，用硫化天然胶乳作载体的1.5%十三吗啉制剂，施用一次药效可持续2 ~ 3个月。发病严重的枝干用利刀将病皮刮除干净，并集中烧毁，然后涂封沥青柴油（1∶1）合剂，促进伤口愈合。

橡胶树红根病

【分布及危害】　此病是橡胶树上发生最为普遍且最为严重的重要根部病害之一。此病易通过病根与健根的接触蔓延传播，几年后常形成死亡上百株橡胶树的大病区，2010年在儋州的某一橡胶园就出现一个陆续死亡150株橡胶树的红根病大病区。橡胶树因发生红根病死亡后，林相被破坏，在橡胶林内形成一个个"天窗"，易遭风害，常给橡胶生产造成重大损失。

发生红根病的病株地上部呈现的症状与其他根病类似，一般表现为树冠稀疏、枯枝多，叶片变小、变黄、无光泽，秋冬季早落叶或春季迟抽叶，高温多雨季节在病株茎干基部或被杂草覆盖的死树头上长出檐状担子果。

橡胶树因受各种环境因素的影响或受动物的危害，如土壤瘦瘠、石头多，地势低洼积水，风、寒、旱，以及白蚁、牛损害，除草剂药害等，也会出现与红根病等根病病树相似的症状。在诊断此类病害时，必须结合周围环境进行现场综合分析，加以比较，仔细区分，才能够准确诊断是何种根病。橡胶树根病的诊断要点：一是病根的外观、质地及气味；二是病根表面的菌索、菌膜及菌核；三是病株树头上长出的子实体的形状和颜色。

【症状】　病株表现为树冠稀疏，枯枝多，顶芽抽不出或抽芽不均匀，叶片变小、变黄、卷缩、无光泽，叶蓬有时显圆盘状，秋冬季早落叶，春季迟抽叶，后期整株叶片落光并枯死，逐渐向周围扩展形成"天窗"病区。发病初期地下病根表面平粘一层泥沙，用水能较易洗掉，洗后常见枣红色革质菌膜，有时可见菌膜前端呈白色，后端变为黑红色。后期病根木质部组织湿腐，松软呈海绵状，皮木间有一层白色到深黄色腐竹状菌膜（图1-22），具浓烈蘑菇味。

橡胶树红根病区的"天窗"

叶蓬发黄和发红呈圆盘状

病根表面平粘一层泥沙

根表有枣红色和黑褐色革质菌膜

病根木质部组织白色湿腐 　　　　　　　　　　后期呈海绵状湿腐

图1-22　橡胶树红根病症状（李增平 摄）

【病原】　为担子菌门、非褶菌目、灵芝科、灵芝属的橡胶灵芝 [*Ganoderma pseudoferreum*（Bres & Henn）Bres] 和菲律宾灵芝 [*G. philippii*（Bres & Henn）Bres]。橡胶灵芝主要分布于海拔较低的平地橡胶园，初期生长出的担子较厚实，担孢子比菲律宾灵芝略大。菲律宾灵芝生长于海拔较高的山区橡胶园，初期生长出的担子果较薄，边缘具紫红色环带，担孢子比橡胶灵芝略小。

　　橡胶灵芝：担子果一年生或两年生，木栓质，无柄。多个菌盖复生呈扇形，基部相连呈覆瓦状，木质坚硬，上表面有皱纹，大小22cm×42cm，厚0.25～2.70cm，表面红褐色、灰褐色或土褐色，无漆样光泽，有时长有较宽的同心环纹；边缘钝，白色；在荫蔽、潮湿、弱光环境中生长的担子果颜色较深，而在干旱、较强光线环境中生长的担子果颜色较浅；在海南发现的担子果个体大，菌盖较薄呈覆瓦状生长，在少数担子果上被喷到草甘膦类除草剂时，则会出现在大菌盖上长出小菌盖的"叠生"现象，较严重的生长成脑髓状（图1-23）。菌肉有黑色壳质层，厚0.7～1.5cm，菌管表层白色，单层，厚0.3～1.9cm，菌管层不发育或发育不明显，成熟担孢子不易被发现。骨架菌丝淡黄褐色，宽6.2～7.3μm，树枝状分支，生殖菌丝透明，宽2.5～5.5μm。担孢子卵圆形，单胞，一端斜截，褐色，大小（8.7～9.1）μm×（3.3～5.4）μm，中央有一油滴（图1-24）。此种是引起橡胶树红根病的主要病菌，主要分布于海南儋州、文昌、东方、三亚、陵水、屯昌等地的橡胶园。

初期担子果 　　　　　　　　　　　　　　后期担子果

潮湿、弱光下受除草剂影响生长的担子果　　　　　　　　潮湿、弱光下正常生长的担子果

干旱、强光下受除草剂影响生长的担子果　　　　　　　　干旱、强光下正常生长的担子果

受除草剂影响严重生长的担子果

图1-23　橡胶树橡胶灵芝的担子果（李增平　摄）

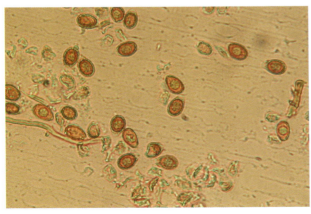
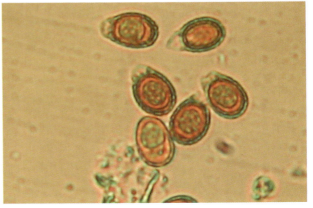

担孢子　　　　　　　　　　　　　　　　放大后的担孢子

图1-24　橡胶树橡胶灵芝的担孢子（李增平　摄）

　　菲律宾灵芝：子实体一年生或多年生，木栓质，无柄。菌盖扇形，表面深褐色，复生，基部相连成覆瓦状，大小17cm×22cm，厚0.39～3.90cm，无漆样光泽，有明显且致密的同心环纹，边缘钝，白色，菌盖边缘具紫红色环带（图1-25）。菌肉有黑色壳质层，厚0.5～1.7cm；菌管表层灰白色，多层，厚0.3～1.9cm；管口圆形，每毫米4～6个。骨架菌丝淡黄褐色，宽5.2～7.4μm，树枝状分支，生殖菌丝透明，宽3.5～6.0μm。担孢子卵圆形，大小（6.3～8.4）μm×（4.5～5.8）μm，顶端平截，内壁褐色，表面有小刺或疣突（图1-26）。此种只在海南澄迈、琼中、五指山等地橡胶园有发现。

初期生长的担子果

后期生长的担子果

潮湿、弱光下生长的担子果

潮湿、强光下受除草剂影响生长的担子果

潮湿、弱光下受除草剂影响生长的担子果

潮湿、弱光下受除草剂严重影响生长的担子果　　　　　　干旱、强光下受除草剂严重影响生长的担子果

图1-25　橡胶树菲律宾灵芝的担子果（李增平 摄）

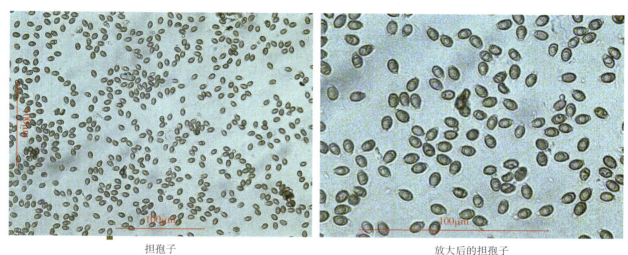

担孢子　　　　　　　　　　　　　　　　　　放大后的担孢子

图1-26　橡胶树菲律宾灵芝的担孢子（李增平 摄）

【发病规律】　红根病的初侵染源，多来自垦前森林地已经染病的树桩或各种灌木等野生寄主。红根病菌的寄主有橡胶、三角枫、厚皮树、苦楝、台湾相思、山枇杷、柑橘、荔枝、咖啡、可可、茶树、鸡血藤等多种植物。风雨可传播根病菌子实体产生的担孢子到新砍伐的树桩截面上或有伤口的橡胶树茎基或暴露的根上，在适宜的环境条件下，担孢子萌发侵入并扩展使其发病。发病的橡胶树病根与健康的橡胶树根系接触，病根上的菌丝菌膜蔓延到健根上使橡胶树根系染病，再通过向心蔓延和离心蔓延不断扩大病区。马来西亚的相关研究认为，昆虫也可以传播红根病菌的担孢子，使橡胶树发病。原始森林地，以及人工开垦未曾彻底清除病死树头、土壤质地黏重、结构紧密、易板结、通气程度差的植胶地，红根病发生较多。

【防治方法】

1.彻底清除杂树桩，消灭根病菌的侵染来源。植胶地机垦后彻底清除杂树头及病根。

2.禁止病苗上山定植。在定植穴内和周围土中如发现有病根，要清除干净，防止病根回穴。

3.加强抚育管理。定植后要搞好林段管理，消灭荒芜，增施有机肥。在橡胶苗行间及时种植爪哇葛藤、毛蔓豆等覆盖作物，发现病株后及时开挖隔离沟（图1-27）。

4.药剂防治。先挖开病株头露出第一轮侧根和根须，切除染病部分，在第一轮侧根连接主根上下40cm和第一轮侧根由基部向外20～30cm处，扫干净根表面的泥土，涂上10%的十三吗啉或十二吗啉根颈保护剂，也可使用75%十三吗啉乳油、丙环唑、腐霉利等药剂，淋灌红根病株的根颈，每株淋灌 3 kg 药液，能取得较好的防治效果。

5. 生物防治。 中国热带农业科学院环境与植物保护研究所筛选出的枯草芽孢杆菌（*Bacillus subtilis*）Czk1产生的12种挥发性物质对橡胶灵芝菌有15.2%～100.0%不同程度的抑菌活性，其中苯甲醛对橡胶灵芝抑菌活性最强，抑菌率达100%。

橡胶树林下间种爪哇葛藤　　　　　　　　　　病株与健株间开挖隔离沟

图1-27　红根病的防治（李增平　摄）

橡胶树褐根病

【分布及危害】   此病是橡胶树上发生最为常见且最为严重的重要根部病害之一。病株死亡快，形成的病区相比红根病小。地上部症状表现类同红根病，但褐根病菌可从 2 ~ 3m 高处的橡胶树断干伤口处侵入向下蔓延危害，也可通过橡胶树病根与健根的接触传染发病。

【症状】   病株发病根系同侧上方树冠中的叶片变小、变黄、卷缩、无光泽、枯枝，形成明显的发病中心。有的褐根病病株的树干干缩，或在病株茎基部出现条沟、凹陷或烂洞；根系发病严重的病株，地上部整株叶片迅速失水萎垂，变黄褐色干枯，几天后即全部脱落，整株枯死。病死树后期易被强风整株吹倒。幼树发病初期下层老叶先失绿发黄，短时间内整株叶片变黄后枯死。地下病根表面粘泥沙多，凹凸不平，不易洗掉，长有疏松绒毛状的铁锈色或黄褐色菌膜，菌膜老熟后变成黑褐色，薄而脆。病根组织后期干腐，质硬而脆，病根表面和剖面有蜂窝状单线褐纹，皮木间或褐色网纹中间长有白色绒毛状菌丝体，病根具蘑菇味。高温多雨季节在病株断干下方的茎干、茎干基部、暴露病根、病株桩周围长出檐状褐色担子果；有时则在病株倒干的下表面长出黑褐色硬壳状担子果（图1-28）。

橡胶树褐根病病区的"天窗"　　　　　　　　　　　橡胶树褐根病病区的发病中心

病株叶片发黄后脱落　　　　　　重病株叶片变褐枯死　　　　　　断干侵入发病症状

从虫蛀伤口侵入形成条沟

从虫蛀伤口侵入形成烂洞

病株主根根表面粘泥，长有铁锈色菌膜

病株侧根根表面粘泥，长有铁锈色菌膜

病根表面的黑褐色薄而脆的革质菌膜

病根表面粘泥沙凹凸不平

病根木质部表面的单线渔网状褐纹

网状褐纹中央的组织长有白色菌丝体

图1-28　橡胶树褐根病症状（李增平 摄）

【病原】　为担子菌门、层菌纲、非褶菌目、木层孔菌属的有害木层孔菌（*Phellinus noxius* Corner）。病菌的担子果生长在病死树头的侧面、风断茎干侧面或病株倒干的下表面。担子果呈檐状或壳状着生。檐状担子果单生或叠生，木质，无柄，半圆形，上表面黑褐色，有时长有同心环纹，下表面灰褐色，平滑或长有锥状突起，密布产孢小孔。生长期的担子果边缘呈黄白色或黄褐色，较厚；停止生长的老化担子果边缘略向上，变薄，呈黑褐色。硬壳状的担子果厚约1cm，宽5～15cm，长可达1m以上，边缘呈黄褐色，中央深褐色或灰褐色，密布产孢小孔。担孢子卵圆形，单胞，深褐色，壁厚，大小（3.25～4.12）μm×（2.60～8.25）μm，有油滴（图1-29）。

正在生长的担子果正面

正在生长的担子果下表面呈灰褐色

具环纹的担子果

老化具环纹的担子果

倒硬壳状的担子果

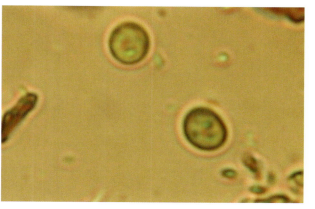

病菌的担孢子

图1-29　有害木层孔菌的担子果及担孢子（李增平　摄）

【发病规律】 初侵染来源来自种植地开垦前已经染病的树桩或各种灌木等野生寄主，寄主有橡胶、三角枫、马占相思、非洲楝、桃花心木、苦楝、木麻黄、麻栎、厚皮树、倒吊笔、芒果、龙眼、荔枝、柑橘、咖啡、胡椒等。气流传播病菌的担孢子从根茎部和根表伤口侵入，或从橡胶树断干处的伤口侵入向下扩展到主根，也可从虫蛀伤口侵入，形成发病中心后在田间主要通过病根与健根的接触，由病根表面的菌丝菌膜通过离心蔓延和向心蔓延不断扩大病区。

【防治方法】 与红根病的防治相同。另外，对烂洞类型的褐根病病株，应先把烂洞内的菌膜、病木彻底挖除干净后进行暴晒，然后涂上10%十三吗啉沥青，半年后检查。如旧病没有复发，可在洞内填满碎石并用水泥涂封，以增强抗风能力；如旧病复发，则应重新处理。

橡胶树紫根病

【分布及危害】　此病在海南琼中、云南西双版纳勐养等地均有发生。橡胶园间种木薯易发病，发病橡胶树生长不良，树势衰弱，重病株枯死。

【症状】　病根表面不粘泥沙，长有密集的深紫色菌索或紫色颗粒菌核。已枯死病根表面的菌核呈黑色小颗粒（图1-30）。后期病根木质部组织质脆、易碎，无蘑菇味。

病根表面不粘泥沙　　　　　　　　　　　　　　病根表面长有紫色菌索

图1-30　橡胶树紫根病症状（李增平 摄）

【病原】　为担子菌门、层菌纲、木耳目、卷担子菌属的紧密卷担菌（*Helicobasidium compactum* Boed.）。子实体平状，呈紫色、松软的海绵状。菌丝生于橡胶树的根部，表面形成紫色疏松菌丝结成的绒毛状菌膜或网状菌索，扩展后形成扁球形紫色菌核，菌核后期变黑色（图1-31）。担孢子单细胞，无色，卵圆形或镰刀形，顶端圆，基部略尖，表面光滑。

紫色海绵状担子果　　　　　　　　　　　　　紫色菌索和颗粒状菌核

图1-31　紧密卷担菌的担子果、菌索和菌核（李增平 摄）

【发病规律】　初侵染源来自林地开垦前生长的树桩、病根、带菌的竹子和杂草病根等。土壤质地黏重、结构紧密、易板结、通气程度差，紫根病发生多，橡胶园间种木薯易发病。病菌除危害橡胶树外，还可危害竹子、飞机草、葛藤、野牡丹、芒果、大青叶、萝芙木等。

【防治方法】　病死橡胶树彻底挖除病根销毁。连片发生的轻病橡胶园采取加强栽培管理、深翻松土、增施有机肥、消灭荒芜及排除积水等措施，以提高橡胶树的抗病能力，减轻紫根病的危害。

橡胶树黑纹根病

【分布及危害】 此病是橡胶树上常见的根病之一，但其发生较为分散，病株出现症状后死亡快，不易形成明显的中心病区。此病在海南儋州、琼海、三亚、东方、澄迈、五指山、琼中等地的橡胶树上较为常见。主要危害橡胶树的根系，造成根系白腐变脆，病株易被强风连同树头一起吹倒，也可危害断干橡胶树的茎干，并在离地2～3m高处的茎干侧面产生块状子实体。

【症状】 发病橡胶树生长不良，树冠稀疏，叶片失绿发黄，叶蓬呈圆盘状，基部茎干一侧表皮变黑湿腐，流黑水，木质部具锯齿状、圆圈状黑纹，重病株易被强风吹倒或整株枯死。病根表面不粘泥沙，表面无菌丝菌膜，木质部组织干腐，无蘑菇味，剖面有锯齿状黑纹，有时黑纹闭合成小圆圈。在树干、树头或暴露的病根表面长有青灰色或黑色炭质子实体（图1-32）。

病株叶片失绿发黄

基部茎干表面长青灰色子座

木质部有黑色线纹

病株叶蓬呈圆盘状

重病株整株枯死

重病株倒伏枯死

| 从断干伤口侵入症状 | 茎干中下部发病后断折 | 未枯死病株整株被强风吹倒 |

病株茎干基部表面生长的块状子座　　　　　　　茎干基部横截面的黑纹

根表面不粘泥沙　　　　　　　　　　　病根木质表面的黑纹

图1-32　橡胶树黑纹根病症状（李增平 摄）

【病原】　为子囊菌门、核菌纲、球壳目、焦菌属的炭色焦菌 [*Ustulina deusta* (Hoffm. et Fr.) Petrak]。子座呈块状薄片，初为白色至青灰色，逐渐变为深灰色或黑色。分生孢子梗短而不分枝，无色。分生孢子单胞，无色，香瓜子形，大小2.5μm×5.5μm。子囊壳埋生于子座中，黑色，近球形；子囊棒状，子囊孢子单胞，香蕉形或梭形，褐色至黑色（图1-33）。

青灰色子座

深灰色炭质子座

子囊壳

子囊孢子

图1-33 炭色焦菌的子座及子囊孢子（李增平 摄）

【发病规律】 病菌孢子通过气流传播到橡胶树茎基的虫伤、机械伤处进行侵入，或从2～3m断干处的伤口侵入引起初侵染，然后向下扩展到主根和侧根，导致橡胶树整株被吹倒或风折。橡胶树茎干受机械伤和虫蛀多易发病（图1-34）。

从断干伤口侵入

从高处茎干伤口侵入

从茎基虫蛀伤口侵入

图1-34 黑纹根病病菌从虫伤、机械伤的伤口处侵入（李增平 摄）

【防治方法】

1.伤口保护。防止茎基受伤，及时处理断干橡胶树。对已受伤的茎基进行涂白保护，及时将断干橡胶树从折断处倾斜锯平，并涂树木伤口愈合剂，以防病菌孢子侵染。

2.消灭病菌侵染源。清除病死树头并烧毁。

3.病株处理。对发病初期的橡胶树，用刀刮除病部组织，涂杀虫剂和树木伤口愈合剂。

橡胶树臭根病

【分布及危害】　此病在云南、海南均有发现，主要危害橡胶园中土壤湿度大、树头积水且根茎受伤的橡胶树，在云南景洪、临沧、河口、勐腊及海南儋州、琼海、乐东、保亭等地土壤潮湿的橡胶园有发生，发病橡胶树整株枯死。

【症状】　橡胶树发病初期植株部分叶片失绿发黄，顶端叶蓬缩小，从地面仰视呈圆盘状，后期黄叶脱落，枯枝，整株枯死；重病株有时整株叶片和嫩枝在短期内迅速失水、失绿萎垂，继而逐渐枯死变褐，小枝干枯；叶片脱落后，大枝条和茎干继续失水，树皮干缩，1个多月后整株彻底枯死。发病初期的病根表皮呈灰褐色，不粘泥沙，用水较易洗掉，病根表面有时长出灰白色、灰褐色或黄白色菌膜，紧贴表皮下的菌膜呈黄白色；树干基部表皮和树根表皮组织水浸状湿腐，易与木质部分离，内层树皮呈紫红色，后期颜色变灰紫色，病根木质部表面与根皮间出现拉丝，散发出难闻的粪便臭味；生长菌索时木质部表面与表皮内侧组织呈暗灰白色；条件适宜时在病根木质部表面和根皮内侧长出扁而粗的白色羽毛状菌索，菌索增粗后连生成草叶状，后期草叶状菌索变成褐色或黑褐色（图1-35）。

橡胶树臭根病发病中心

病株叶片失绿黄化

中期病株叶蓬呈圆盘状

重病株整株枯死

病株茎基表皮组织水浸状、灰紫色湿腐　　　　　　病株茎基表皮组织水浸状、灰褐色湿腐

病根表面的灰褐色和黄白色菌膜　　　　　　病根木质部表面的白色菌索

病根皮木间的草叶状菌索　　　　　　病根皮木间产生拉丝

图1-35　橡胶树臭根病症状（李增平　摄）

【病原】　为子囊菌门、核菌纲、球壳目、灿球赤壳属的匐灿球赤壳菌（*Sphaerostilbe repens* Berk. et Br.）。病菌菌索初期白色，羽毛状和草叶状，后期变黑色。在黄瓜汁培养基上生长的菌落呈圆形，白色和黄白色；在PDA培养基上可产生菌索和孢梗束。有性阶段的子囊壳球形，深红色，直径达500μm；子囊孢子8个，双细胞，灰褐色至红褐色，卵圆形，微收缩，大小19～21μm。无性阶段属于束梗孢（*Stilbum*），子实体高2～8μm，直径0.5～1.0μm，柄初呈粉红色，后变红褐色，有毛，头白色，球形；分生孢子单细胞，卵圆无色，大小（9～22）μm×（6～10）μm（图1-36）。

白色羽毛状菌索　　　　白色草叶状菌索　　　　黑色草叶状菌索

在PDA培养基上生长12天的菌落　　在PDA培养基上生长的菌索　　菌索上长出的孢梗束及孢子球

孢梗束　　　孢梗束顶端分散的分生孢子梗　　　分生孢子

图1-36　匐灿球赤壳菌的菌索、菌落、孢梗束及分生孢子（李增平 摄）

【发病规律】　橡胶树根系受水浸泡时间过长容易发生臭根病。通过气流传播孢子到橡胶树茎基伤口处侵入形成中心病株，一般单株发病，死亡后不再传播扩展，但土壤含水量高、湿度大时可通过病根与健根的接触向邻近橡胶树传播形成3～7株枯死的较大病区。海南橡胶树臭根病在田间主要发生在7—9月的多雨季节，在橡胶园中低洼易积水处的橡胶树易发病，被土掩埋过深或近沟边被水浸泡根系的橡胶树也易发病。发生臭根病的橡胶树易被小蠹虫和白蚁蛀食（图1-37）。臭根病菌的寄主有小叶榕、荔枝、木菠萝、油茶、柑橘、木槿、芒果、木薯和鳄梨等植物。

【防治方法】

1.加强栽培管理。定期检查，对低洼易积水的橡胶树树头排除积水并培土。

2.病株处理。定期检查，发现病死株后及时挖除病死根系并烧毁，在病死株间挖隔离沟，阻断其传播。

图1-37　橡胶树臭根病病株茎干易遭小蠹虫蛀食（李增平 摄）

橡胶树黑根病

【分布及危害】 此病因其病株根部盖满黑色菌索呈现黑色而得名。多发生于种植5～6年临近开割的风倒橡胶树上，其风害橡胶树根系受伤被病菌侵染后发病，发病橡胶树易枯死，此病在云南西双版纳及海南儋州、万宁、屯昌等地有发生。

【症状】 风倒橡胶树发病后叶片失绿发黄，干枯脱落，重病株整株枯死。病株地表下的树头和病根表面长出白色菌索，菌索后期变黑色，相连成片，整个树头和病根呈现黑色。病根表面粘泥沙，表面长有较粗大的白色、红褐色、黑色网状菌索，其红褐色和黑色菌索表面露出众多小白点，菌索呈红褐色时也称为"假红根病"，后期病根木质部组织松软、湿腐，具蘑菇味。条件适宜时，在倒下病株基部茎干的下表面或因风害暴露的病根下表面长出褐色、黄褐色或灰白色膜状担子果（图1-38）。

风倒树茎基发病　　　　　　　　风倒树根系发病　　　　　　　　倒树发病后枯死

发病的倒干树上表面　　　　　　　　　　　发病的倒干树下表面

病株地表下树头表面生长的白色菌索

病株地表下树头表面相连成片的黑色菌索

侧根表面粘泥沙，长红褐色粗壮菌索

主根表面粘泥沙，长黑色菌索

病根表面的红褐色网状菌索及菌索表面的小白点

病根表面的黑色菌索及表面的小白点

图1-38 橡胶树黑根病症状（李增平 摄）

【病原】 为担子菌门、层菌纲、非褶菌目、卧孔菌属的茶灰卧孔菌（*Porai hypobrunnea* Petch.）。根状菌索较粗，呈网状生长，初期呈白色，中期呈红褐色，老熟后呈黑色，中、后期的菌索上露出许多白色小点。担子果膜状，表面密布小孔，紧贴病株接近地表的倒干下表面或暴露病根的下表面生长，弱光、潮湿下呈灰褐色，强光、干燥条件下呈灰白色（图1-39）。

倒干下表面生长的灰褐色担子果

倒干下表面生长的黄褐色担子果

强光、干燥条件下病株茎基生长的灰白色担子果

弱光、潮湿条件下病根上生长的灰褐色担子果

图1-39 茶灰卧孔菌的担子果（李增平 摄）

【发病规律】 病菌产生的担孢子可通过受伤的茎基伤口或受伤暴露的树根表面伤口侵入引起病害发生，蔓延到侧根后，可通过病根与健根的接触，由病根表面的菌索向邻近植株进行扩展蔓延。受台风吹倒后扶正的橡胶树易受害。

【防治方法】

1.伤口保护。为疏伐树的树桩表面及橡胶树茎基伤口涂沥青或伤口保护剂。

2.清除病根。定期检查，发现病死株后彻底挖除病根，连同倒干一起销毁。

橡胶树白根病

【分布及危害】   此病是我国进境植物检疫性对象，1904年在新加坡首次发现，国内1983年11月在海南东太农场第二代更新橡胶园发现，后经有关部门及时处理扑灭，至今在海南未有再发生。2005年、2012年、2019年，在云南河口有小面积的橡胶树发生白根病，相关部门及时进行了灭杀处理。

【症状】   橡胶树发病初期部分叶片褪绿变黄，无光泽，叶缘下卷，重病株整株叶片发黄，提早开花，枝条枯死，最终整株死亡。病根表面长有树根状白色菌索，主菌索宽且扁平，旁边具小分枝，老熟后呈黄色至暗褐色，稍变圆。病根具蘑菇味，木质组织部呈现褐色、白色、淡黄色，坚硬。有时病根在潮湿的土中腐烂后呈果酱状，潮湿条件下病株倒干、暴露病根、病株桩上长有橙黄色檐状担子果（图1-40）。

白根病发病中心

叶片失绿发黄

病根上的老熟菌索

病死倒树树干侧面生长的担子果

强光下生长的檐状担子果

图1-40   橡胶树白根病症状（李增平 摄）

【病原】 为担子菌门、层菌纲、非褶菌目、硬孔菌属的木质硬孔菌 [*Rigidoporus lignosus*（KL.）Imaz.]。较粗的根状菌索粗约0.6cm。担子果檐生，无柄，单生或覆瓦状叠生。革质或木质，上表面橙黄色，边缘黄色，下表面橙色、红色或淡褐色。担孢子无色，圆形，直径2.8～8.0μm（图1-41）。

病根上的白色根状菌索

病根上的黄色根状菌索

覆瓦状叠生的橙黄色担子果

担子果下表面橙色

覆瓦状叠生的担子果侧面

担子果正面

图1-41　木质硬孔菌的菌索和担子果（李增平 摄）

【发病规律】 初侵染源主要来自带病苗木、病株和土壤中残留的病根。通过气流传播病菌的担孢子侵入橡胶树茎基伤口引发侵染，或由菌索在橡胶树健根与病根接触时进行蔓延传播，形成中心病株后，不断通过根表菌索在根系上的离心蔓延和向心蔓延扩大病区。病菌寄主范围宽广，可寄生橡胶、椰子、可可、面包果、番木瓜、茶树等多种植物。

【防治方法】

1. 加强检疫。禁止从病区引进带土的橡胶树种苗。

2. 及时发现和处理病株。定期检查橡胶园，云南河口等地与国外橡胶园临近的树位要定期监测，一旦发现病株要及时上报，隔离病区并对病株进行销毁处理。

3. 药剂防治。疫区对轻病株及病区邻近的橡胶树选用下列药剂防治：每株用25%敌力脱乳油1.875g或25%粉锈宁可湿性粉剂2.5g等，兑水2～3kg淋灌根颈；用五氯硝基苯、十三吗啉等药剂进行根颈保护。重病株砍除烧毁。

橡胶树炭疽病

【分布及危害】　此病1906年在斯里兰卡首次被发现，现今世界各植胶国家均有发生，在春季橡胶大量抽嫩叶时易暴发流行，常与白粉病一起混合发生，是各植胶区春季重点防治的"两病"之一。橡胶树炭疽病主要危害橡胶树的叶片和枝条，嫩叶、嫩梢发病易出现大量落叶和枝条枯死。1990年海南垦区橡胶树炭疽病发生面积2万多 hm²，630万株开割橡胶树因病落叶不能按时开割，损失干胶3 000多吨。2004年云南西双版纳勐养橡胶分公司开割胶林大面积发生橡胶树老叶炭疽病，发病面积2 000hm²，造成橡胶树大量落叶，干胶减产。

【症状】　嫩叶、叶柄、嫩梢和胶果均可染病。古铜色嫩叶发病后，多在叶尖或叶缘上呈现出近圆形或不规则形的暗绿色或褐色似开水烫过一样的水渍状病斑，病斑边缘具黑色坏死线，病叶叶尖易变黑并扭曲，干缩后小叶脱落。淡绿色嫩叶发病，叶尖或叶缘上呈现出近圆形、不规则形或V形的暗绿色或褐色病斑，病斑边缘具黑色坏死线，叶片常皱缩畸形，潮湿条件下病部长有粉红色黏液状的孢子堆。重病叶易脱落。老叶发病，在叶尖、叶缘呈现半圆形、圆形或不规则形的灰白色云纹状、波浪状或同心轮状病斑，病斑边缘有时具较宽的褐色坏死环带，病斑表面散生或轮生小黑点状的分生孢子盘。近老化叶受侵染后，由于此阶段的叶片抗性较强，病斑较小，边缘皱缩，中央突起成小圆锥体状或火山口状开裂，手摸触感凹凸不平。嫩梢发病后，呈现黑色下陷小点或黑色条斑，病部有时会爆裂溢胶，顶梢回枯，枯死呈鼠尾状，后期病斑上散生黑色小点。绿果发病，病斑呈暗绿色，水渍状腐烂。在高湿条件下，常在病部长出黏稠的粉红色孢子堆（图1-42）。

古铜叶上的褐色病斑（暹罗炭疽菌）

古铜叶叶尖变黑扭曲干枯

淡绿叶上的圆形褐斑及黑色坏死线（暹罗炭疽菌）

淡绿叶上的V形褐斑

淡绿叶上的半圆形褐斑

褐斑表面的粉红色黏液状孢子堆（暹罗炭疽菌） 褐斑背面的粉红色黏液状孢子堆（暹罗炭疽菌）

近老化受侵染后呈现的突起火山口状病斑（暹罗炭疽菌）

老叶上的不规则褐斑（尖孢炭疽菌） 老叶上具褐带的同心轮纹斑（昆士兰炭疽菌）

嫩梢上的黑色凹陷斑（暹罗炭疽菌）

嫩梢上的黑色条斑

后期病斑上散生黑色小点

图1-42　橡胶树炭疽病症状（李增平 摄）

【病原】　无性阶段为半知菌类、腔孢纲、黑盘孢目、刺盘孢属的多种炭疽菌（*Colletotrichum* spp.），主要种有暹罗炭疽菌（*C. siamense*）、昆士兰炭疽菌（*C. queenslandicum*）和尖孢炭疽菌（*C. acutatum*）等。其中暹罗炭疽菌为常见种及优势种，可危害嫩叶、老叶、嫩梢等；昆士兰炭疽菌在海南琼中新进农场发现零星危害老叶；尖孢炭疽菌在云南西双版纳勐养农场发现危害老叶造成大落叶。有性态为子囊菌门、核菌纲、球壳目、小丛壳属的围小丛壳菌［*Glomerella cingulate*（Stonem.）Spauld. et Schrenk］。橡胶树炭疽菌的分生孢子盘多在叶面散生或轮生，浅褐色，分生孢子盘边缘长有直或微弯的黑色刚毛，刚毛硬且长，具1～2个隔膜。分生孢子梗短小，无色；分生孢子着生于分生孢子梗顶端，单胞，无色，短圆柱形，两端钝圆或圆锥形，其内无或1～3个油滴。暹罗炭疽菌的分生孢子两端钝圆，大小（27～34）μm×（10～15）μm；尖孢炭疽菌的分生孢子两端圆锥形，大小（12.0～15.0）μm×（3.8～4.8）μm；有性世代的子囊孢子呈长粒花生形，略弯曲；昆士兰炭疽菌分生孢子两端钝圆，大小（24～31）μm×（8～11）μm（图1-43）。

【发病规律】　病菌以菌丝体及分生孢子堆在病组织或受寒害、半寒害的枝条上越冬，成为翌年的初侵染源。分生孢子通过雨水和潮湿的气流传播，从橡胶树叶片、嫩梢、胶果的自然孔口及寒害伤、机械伤、日灼伤等伤口处侵入，也可从嫩叶表皮直接侵入。潜育期为2～4天，最长6天。病菌

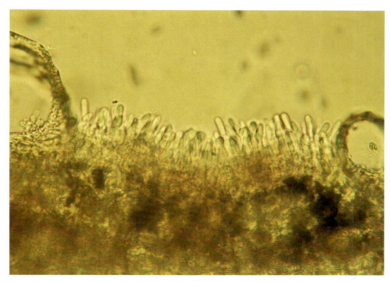
暹罗炭疽菌的分生孢子盘

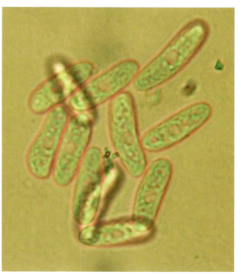
暹罗炭疽菌的分生孢子

热带林木 常见病害诊断图谱

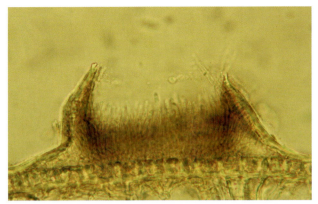

尖孢炭疽菌的分生孢子盘

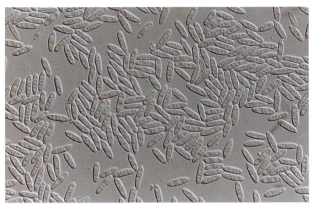

尖孢炭疽菌的分生孢子

昆士兰炭疽菌的菌落

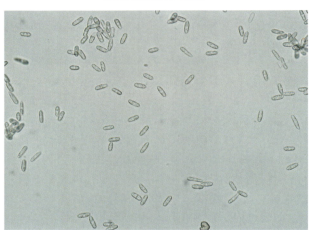

昆士兰炭疽菌的分生孢子

图1-43　橡胶树炭疽病病菌形态（李增平 摄）

的寄主范围很广，可危害橡胶、芒果、油梨、胡椒、咖啡、番木瓜、菠萝等61科的160多种植物。

橡胶树炭疽病的发生流行与橡胶树品系的感病性、抽嫩叶期的气候条件，以及橡胶园的立地环境等都有一定的关系。品系的感病性是此病发生的基础，寒害枯枝或半枯枝是病菌越冬的主要场所，雨水或潮湿气流是病害传播的主要途径，风雨是病害流行的主要条件。

【防治方法】　炭疽病防治要实行农业防治和化学防治相结合的方式，重点防治历年重病区和易感病品系林段。

1.选种抗病品种。在炭疽病流行频率高的地区，更新橡胶园时选种抗病的高产品系GT1、PR107、RRIM600、热研44-9、热研88-13、保亭933等。

2.农业防治。不要在低洼积水地和山谷地建立苗圃。对幼苗和幼龄橡胶树增施肥料，雨季排除田间积水。对历年重病林段和易感病品系的开割橡胶林，一般在每年9月开始进行清理树位，砍除橡胶林地面生长的高草、灌木和橡胶林下自生胶苗，修剪橡胶树下垂枝，清沟以利排水。在橡胶树越冬落叶后到抽芽初期，施用速效肥。

3.化学防治。对历年重病区和易感病品系的林段，从橡胶树抽叶30%开始，定期调查，若发现炭疽病时，根据气象预报在未来10天内，有连续3天以上的阴雨或大雾天气，就要在低温阴雨天气来临前喷药防治。喷药后从第5天开始，若预报还有上述天气出现，而橡胶树物候仍为嫩叶期，则应在第一次喷药后7～10天内喷第二次药。可选用28%复方多菌灵胶悬剂，或20%灭菌灵胶乳剂，或10%百菌清油剂，或15%多菌灵烟剂。如有白粉病同时发生，可选用10%苯醚甲环唑热雾剂等进行防治。

橡胶树麻点病

【分布及危害】　此病1904年在马来西亚首次被发现，1951年我国才发生此病，是橡胶苗圃地常见的重要病害之一。麻点病主要危害橡胶树幼苗期的叶片，严重发病时造成嫩叶脱落，顶芽不能正常抽出，苗木生长缓慢，影响芽接及降低芽接成活率；有时也危害橡胶幼树，但不危害开割橡胶树。

【症状】　古铜色嫩叶发病，叶面呈现暗褐色水渍状小斑点，重病时叶片皱缩变褐，枯死脱落，顶梢反复多次落叶后肿大呈纺锤形。绿色叶片发病，初期呈现黄色小斑点，继而扩展成直径1～3mm的圆形或近圆形病斑，病斑中央灰白色，边缘褐色，外围有明显黄晕圈，潮湿条件下，病斑背面长出灰褐色霉状物，后期病斑中央易穿孔。接近老化的叶片受侵染发病，叶片上呈现深褐色小点，周围具明显黄色晕圈。在同一张老叶上，因受侵染的时间不同，可呈现多种类型的病斑（图1-44）。

近老化的叶片，受侵染发病的田间幼苗

叶片上呈现深褐色小点

发病严重的田间幼苗

圆形或近圆形灰白色小斑，黄晕圈明显

深褐色小点和灰白色小斑混合呈现

深褐色小点和灰白色小斑使众多叶片发黄

图1-44　橡胶树麻点病症状（李增平　摄）

【病原】 为半知菌类、丝孢纲、丝孢目、平脐蠕孢属的橡胶平脐蠕孢 [*Bipolaris heveae* Peng et Lu=*Drechslera heveae*（Petch）M. B. Ellis=*Helminthosporium heveae* Petch]。菌落初期呈白色，后变灰黑色。分生孢子梗褐色，上端呈膝状弯曲。分生孢子浅褐色或褐色，舟形，两端钝圆，多数有7～8个假隔膜，少数有13个假隔膜（图1-45）。

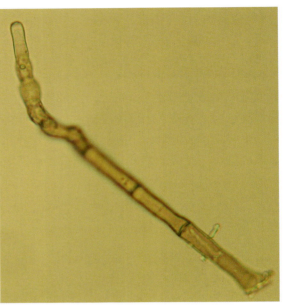

分生孢子　　　　　　　　　　　　　分生孢子梗

图1-45　橡胶平脐蠕孢的分生孢子和分生孢子梗（李增平 摄）

【发病规律】 病菌以分生孢子在苗圃幼苗及幼树的老病叶上越冬，成为翌年的初侵染源。每年的3—4月，借风雨和人类的耕作活动传播分生孢子到新抽嫩叶上，在20～30℃、100%相对湿度条件下，分生孢子萌发，从叶片表皮直接侵入，也可从叶片气孔或伤口侵入，潜育期18h左右，发病后产生分生孢子不断传播再侵染。日平均气温在25～30℃有利于发病；多雨季节发病重，旱季病情减轻；在山谷地、低洼地、近河边和四周高草灌木丛生、通风程度差的苗圃发病重，高坡地或通风良好的平地苗圃发病较轻。

【防治方法】 防止橡胶苗叶片因病皱缩、脱落是此病的防治指标。

1.科学选地育苗。选择土壤肥沃、排水良好、通风透光的地方建苗圃育苗，不要靠近老苗圃或在幼树行间育苗，且株行距不宜过密。

2.加强栽培管理。施足基肥并合理施用氮、磷、钾肥，避免偏施氮肥和淋水过多。及时清除苗圃地周围的杂草、灌木，以利通风透光，降低湿度。

3.药剂防治。在病害易发生季节到来之前，可选用4%茶麸水，或75%百菌清可湿性粉剂800倍液，或70%甲基托布津可湿性粉剂600～800倍液，或80%代森锌可湿性粉剂600～800倍液，或50%多菌灵可湿性粉剂600倍液等喷雾防治。

橡胶树棒孢霉落叶病

【分布及危害】　此病1936年在塞拉利昂首次被发现，已成为东南亚和中非等国橡胶树毁灭性的叶部病害之一，仅次于南美叶疫病。2006年中国热带农业科学院环境与植物保护研究所在海南儋州和云南河口的苗圃幼苗上首次发现此病，现已发展为我国橡胶苗圃和林下自生苗上的常见病害，在云南河口和海南部分农场已经开始危害开割橡胶树叶片。此病主要危害橡胶树叶片，引起橡胶树叶片变黄、变红，大量落叶、枝枯，甚至整株枯死。一般造成胶乳减产20%～45%，严重时达70%。

【症状】　叶片发病初期叶上呈现黑色小斑点，具黄晕圈，继而病斑处的部分主脉及邻近的侧脉变褐色或黑色的短线状，呈鱼骨状或铁轨状，后期病叶变亮黄色、黄红色或红褐色，嫩叶易失水干枯，重病叶脱落。近老化叶受侵染发病，产生浅褐色近圆形病斑，有时具亮黄色晕圈，继而病斑中央组织变灰白色薄纸质状，中央呈炮弹炸裂状穿孔。潮湿条件下，病斑表面产生褐色霉状物（图1-46）。

发病初期叶面呈现黑色小斑点

病斑扩展到叶脉呈现鱼骨状

病斑处的叶脉呈黑色鱼骨状

病斑处的叶脉呈褐色鱼骨状

病斑处的组织变黄红色

病叶变黄红色

褐色近圆形病斑，具亮黄色晕圈

病斑中央薄纸状，炮弹炸裂状穿孔

幼苗老叶上的褐色圆斑，叶脉无鱼骨状

幼树老叶上的褐色圆斑，叶脉无鱼骨状

发病严重的苗圃幼苗

幼苗淡绿叶发病易变亮黄色

田间发病的开割橡胶树

开割橡胶树老叶发病变红褐色

图1-46　橡胶树棒孢霉落叶病症状（李增平　摄）

【病原】　为半知菌类、丝孢纲、丝孢目、棒孢属的多主棒孢 [*Corynespora cassiicola*（Bert. & Curt.）Wei]。病菌在PDA培养基上，菌落疏展绒状，灰绿色或褐色。分生孢子梗单生或丛生，浅褐色至深褐色，直立或稍弯曲，具隔膜，基部膨大，大小（59～343）μm×（4～12）μm；分生孢子倒棍棒状至圆柱状，直或微弯，具有4～9个假隔膜，脐点平截，大小（52～191）μm×（13～20）μm（图1-47）。

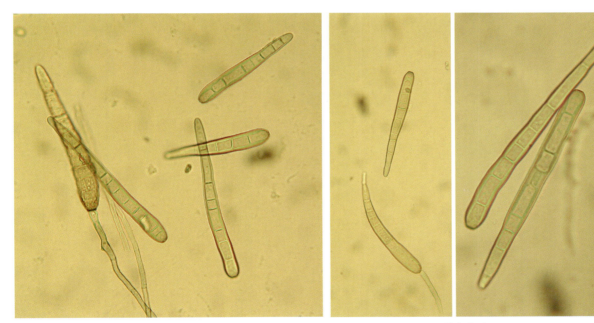
分生孢子梗和分生孢子　　　　　　　　　　　分生孢子

图1-47　多主棒孢的分生孢子梗和分生孢子（李增平　摄）

【发病规律】　病菌可在橡胶树或其他寄主植物病叶上存活越冬，每年春季产生大量分生孢子借气流近距离传播引起初侵染，通过调运病种苗和其他染病寄主进行远距离传播。28～30℃的高湿、阴雨天气易发病，温热潮湿的天气病害易发生流行。海拔高于300m的橡胶园发病较轻，土壤贫瘠缺肥或偏施氮肥发病重。此病目前在海南、云南等地的橡胶苗圃实生苗和橡胶园林下自生苗上常见，在海南定安、乐东、琼海和云南河口等地发现可危害开割橡胶树，在开割橡胶树行间育橡胶苗或开割橡胶树临近橡胶苗圃地，此病易被传播到开割橡胶树上。此菌除侵染橡胶树外，已发现的自然寄主有茄子、豇豆、番木瓜、圆叶轴榈、棉花、黄瓜、莲藕、刀豆、木薯等多种植物。橡胶树品种中的 RRIM600、GT1、IAN 873、PR263、南强1-97和热研44-9等感病，热研88-13、热研73397、南华1、天任31-45、大丰95、大丰318、PB86和PR107等抗病。

【防治方法】

1.选用抗病品种。更新橡胶园品种，因地制宜选种合适的抗病良种，如热研88-13、热研73397、南华1、天任31-45、大丰95、大丰318、PB86和PR107等。

2.加强栽培管理。改善橡胶园环境条件、平衡施肥，增强橡胶树的抗病性。不要在病区附近建立苗圃。苗圃定期检查，在发病初期摘除病叶并集中销毁。

3.化学防治。发病初期选用50%多菌灵可湿性粉剂600～800倍液，或50%苯菌灵可湿性粉剂800倍液，或80%代森锰锌可湿性粉剂400～800倍液，或25%咪鲜胺乳油750～1 000倍液，或25%丙环唑乳油3 000倍液等喷雾防治。

橡胶树黑团孢叶斑病

【分布及危害】　此病1945年在哥斯达黎加首次被发现并命名，我国海南垦区20世纪60年代初期有发生。黑团孢叶斑病主要危害橡胶树叶片，引起大落叶，是橡胶苗圃和成龄橡胶树冬季枝梢的重要病害之一。1985年海南琼中近666.7hm²开割橡胶树发病，造成大落叶，被迫推迟开割。

【症状】　古铜叶及淡绿叶发病，初期呈现针头大小的褐色小点，继而扩展为直径0.2～1.0cm的褐色或灰白色同心轮纹病斑，病斑处的侧脉变黑线状，边缘具一圈较窄的深褐色环带，病叶失绿发黄或变红褐色，有时呈现绿岛症状，多个病斑可汇合形成较大病斑，病斑中央易破裂或穿孔，重病叶易脱落；潮湿条件下病斑表面长出呈黑色毛状物的分生孢子梗后，似环靶状。叶柄、嫩茎染病后出现黑褐色条斑或梭形斑，发病严重时引起溃疡或回枯（图1-48）。

灰白色同心轮纹病斑，病叶变黄色

灰白色同心轮纹病斑，病叶变红褐色且有绿岛

叶片正面的环靶状病斑

叶片背面的环靶状病斑，侧脉变黑线状

发病的田间苗圃幼苗

苗圃幼苗老叶上的灰白色病斑

发病古铜嫩叶上的大病斑 　　　　　　　　　　　　　发病严重的淡绿色嫩叶

图1-48　橡胶树黑团孢叶斑病症状（李增平 摄）

【病原】　为半知菌类、丝孢纲、丝孢目、黑团孢属的橡胶黑团孢（*Periconia heveae* Stevenson & Imle.）。菌落初期白色，后变为灰黑色。分生孢子梗生于病斑两面，暗褐色，粗壮，单生，直立不分枝，具2～3个隔膜，长150～300 μm，基部球茎状膨大，直径25～35 μm。顶部细胞浅褐色，短棍棒状，大小（30～40）μm×（35～40）μm，四周扁球形的产孢细胞，大小（10～15）μm×（18～25）μm。分生孢子球形，单生，深褐色，表面有疣状突起，直径20～40 μm（图1-49）。

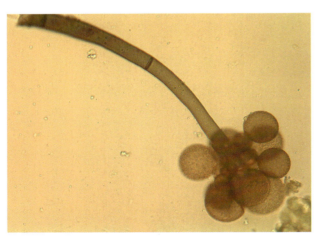
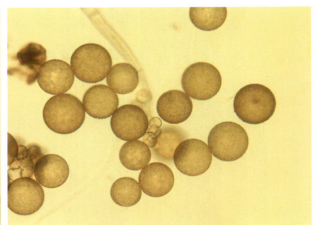

分生孢子梗和分生孢子 　　　　　　　　　　　　　　　分生孢子

图1-49　橡胶黑团孢的分生孢子梗和分生孢子（李增平 摄）

【发病规律】　病菌以分生孢子在病组织及病残体上越冬，也可在番木瓜、木薯病叶上越冬。通过风雨传播分生孢子从橡胶树叶片表皮直接侵入或从伤口侵入引起发病。低温高湿是此病发生流行的主导因素。气候凉爽，雨水充足，常年均有浓雾遮盖的山地北坡橡胶园易发病；橡胶苗圃地建塑料大棚育苗时田间积水，排水、通风不良易发病。橡胶树春季新抽嫩叶期间，遇上7天以上连续低温阴雨的寒害天气，相对湿度达90%以上时，易感病品系林段会发生病害流行。橡胶树不同品系中，PB86、RRIM600、PR107、保亭3406、热研88-13、海垦1等感病，GT1较抗病。

【防治方法】　发病初期选用50%多菌灵可湿性粉剂600倍液，或75%百菌清可湿性粉剂800倍液，或70%甲基托布津可湿性粉剂600～800倍液，或80%福·福锌可湿性粉剂500～600倍液等喷雾防治。

橡胶树毛色二孢叶斑病

【分布及危害】　此病2017年在海南三亚橡胶园有发现。在橡胶园内发病尚轻，主要危害橡胶树老化叶片，造成叶片坏死或脱落。

【症状】　叶片发病，初期呈现黑褐色圆形小病斑，周围具明显黄色晕圈，后期扩展为圆形、半圆形或不规则形灰白色病斑，其上散生小黑点，病斑边缘有一较窄的深褐色坏死环带，外围有明显黄色晕圈。病斑扩展不受小叶叶脉限制，但受主脉限制（图1-50）。

病叶上圆形褐色病斑　　　　　　　　　病斑边缘有较窄的深褐色坏死环带

图1-50　橡胶树毛色二孢叶斑病症状（李增平　摄）

【病原】　为半知菌类、腔孢纲、球壳孢目、毛色二孢属的假可可毛色二孢（*Lasiodiplodia pseudotheobromae* A. J. L. Philips, A. Alves & Crous.）。在PDA平板培养基上菌落初期呈白色绒毛状，继而变墨绿色，后期逐渐变为黑色，气生菌丝极发达。在发病的橡胶树叶片和嫩茎上产生分生孢子器，常多个聚生，单室，球形或近球形，初埋生于寄主表皮下，成熟后突破表皮外露，大小（163.9～227.5）μm×（105.9～209.4）μm。分生孢子椭圆形或卵圆形，两型，单胞分生孢子无色透明，双胞分生孢子棕色至黑色，表面具有纵纹；分生孢子大小（21.5～31.8）μm×（12.1～14.5）μm（图1-51）。

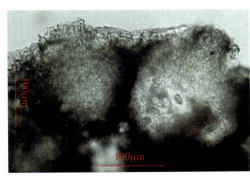
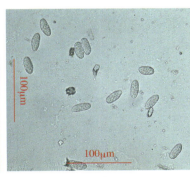
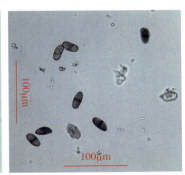

聚生的分生孢子器　　　　　　单胞分生孢子　　　　　　双胞分生孢子

图1-51　假可可毛色二孢的分生孢子器及分生孢子（李增平　摄）

【发病规律】　此病害主要危害老化橡胶叶，3—7月高温、干旱、少雨的季节适宜病害发生，橡胶园地面植被少或覆盖少、阳光易暴晒的时间长、橡胶树抗性弱时易发病。病菌易从叶片和嫩梢上的伤口侵入，对橡胶树存在潜在的危害性。病菌菌丝生长适宜温度25～35℃，最适生长温度为32℃；适宜的pH为4～6，pH为5时最适菌丝生长。假可可毛色二孢寄主有相思树、南洋楹、泡桐、芒果、龙眼、桂花、莲雾、马占相思、番木瓜、桉树、榄仁树等。

【防治方法】　少量发病时摘除病叶销毁。定期监测此病害的发生及发展情况。

橡胶树灰斑病

【分布及危害】 此病2013年在喀麦隆西南部的穆尤卡和马伦德的发病率为10%～38%，2019年在印度尼西亚、马来西亚、泰国、斯里兰卡等国有较大面积发生和流行。主要危害开割橡胶树老叶，造成叶片大面积坏死，大量叶片变黄后脱落，影响胶乳产量。2024年8月在海南新中农场的橡胶树上发现有此病危害。

【症状】 老叶发病，初期叶面呈现黑色小斑点，扩大成圆形或近圆形病斑，病斑大小不一，褐色或灰白色，横跨叶脉的病斑其病斑处的叶脉变黑色，多个病斑汇合后形成不规则大斑，后期病斑中央易穿孔。潮湿条件下病斑呈深褐色，病斑边缘黑色，病斑表面长出小黑点（分生孢子盘），叶片变黄褐色或红褐色后病斑边缘出现黄绿色晕圈即绿岛，重病叶易脱落（图1-52）。

老叶上的褐色近圆形病斑

老叶上的灰白色近圆形病斑

重病叶变黄褐色

后期病斑中央穿孔

潮湿条件下病斑上产生小黑点

林下自生苗上的灰白色病斑

黄化老叶上的绿岛病斑

图1-52　橡胶树灰斑病症状（张宇 摄）

【病原】　为半知菌类、腔孢纲、黑盘孢目、拟盘多毛孢属的多种拟盘多毛孢真菌（*Pestalotiopsis* spp.）。喀麦隆报道为小孢拟盘多毛孢 [*P. microspora* (Speg.) Bat. & Peres]，泰国报道为 *P. formicarum*。

【发病规律】　病菌可在开割橡胶树的老病叶、幼树老病叶、林下自生苗发病老叶等存活越冬。翌年条件适宜时产生分生孢子，借气流传播到橡胶树新抽老化的叶片上侵入引起发病，在病斑上产生分生孢子后不断传播进行再侵染老叶，引起病害大发生。此病主要危害开割橡胶树的老化叶片。橡胶园失管、荒芜，橡胶树长势差，割胶强度大，缺肥等易发病。

【防治方法】

1.农业防治。加强橡胶园管理，科学施肥，定期清理树位从而降低橡胶园湿度，合理安排割胶，增强橡胶树抗病力。发病橡胶园及时清除病落叶及林下自生苗集中销毁。

2.药剂防治。病害发生初期选用代森锰锌、甲基托布津、咪鲜胺、苯醚甲环唑、三唑酮、异菌脲、丙环唑等药剂喷雾防制。

橡胶树叶点霉叶斑病

【分布及危害】 橡胶园苗圃或大树上常见零星发生的一种次要侵染性病害，对橡胶树危害不大。主要侵染老叶，多在台风或强风造成叶片损伤后，从叶尖、叶缘侵入危害，引起橡胶叶坏死脱落。

【症状】 初期叶片的叶尖或叶缘呈现浅黄色小病斑，很快扩展形成半圆形或不规则形的灰褐色大病斑，可达大半叶片，病斑边缘具较浅的黄色晕圈，潮湿条件下病斑表面密生许多黑褐色小点状的分生孢子器，后期叶片枯死脱落（图1-53）。

叶尖、叶缘的灰褐色病斑　　　　　　　　　　病斑上的黑褐色点状分生孢子器

图1-53　橡胶树叶点霉叶斑病症状（李增平 摄）

【病原】 为半知菌类、腔孢纲、球壳孢目、叶点霉属的橡胶叶点霉（*Phyllosticta heveae*）。病菌分生孢子器近球形或扁球形，埋生；分生孢子梗短，棍状，单胞无色，全壁芽生式在顶端产生半孢、无色、椭圆形的分生孢子（图1-54）。

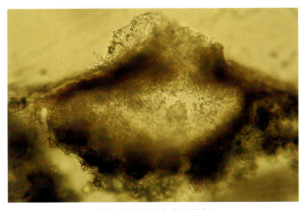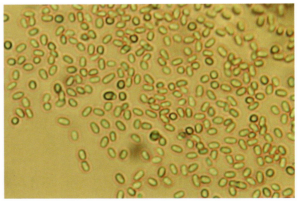

分生孢子器及分生孢子梗　　　　　　　　　　分生孢子

图1-54　橡胶叶点霉形态（李增平 摄）

【发病规律】 病菌以分生孢子器和菌丝在病组织上越冬，田间病株及其残体为其主要侵染来源。通过气流传播病菌分生孢子器内产生溢出的分生孢子进行初侵染或再侵染。主要侵染老叶，多在台风或强风造成损伤后侵入危害。

【防治方法】 零星发生，可结合防治橡胶树麻点病时进行防治。对发病橡胶树加强施肥管理。

橡胶树煤烟病

【分布及危害】　此病是近年来橡胶树上的常见病害，在受介壳虫危害的橡胶园发病严重。主要危害橡胶树叶片，影响叶片的光合作用，造成橡胶树生长不良，胶乳产量下降。

【症状】　发病橡胶叶上表面部分或全部覆盖一层黑色煤烟状物，同时可见取食的介壳虫，后期黑色煤烟层上长出小黑点状的子囊座，干燥条件下病叶上的黑色煤烟层易呈块状裂开翘起，发病橡胶树长势差（图1-55）。

发生煤烟病的橡胶树幼苗

病叶上的煤烟层呈块状裂开翘起

发生煤烟病的开割橡胶树叶片

病叶上的黑色煤烟层

图1-55　橡胶树煤烟病症状（李增平 摄）

【病原】　为子囊菌门、腔菌纲、座囊菌目、煤炱属的腐生煤炱菌（*Capnodium* sp.）。病菌菌丝多由圆形细胞组成，分生孢子器呈长颈瓶状，子囊果为子囊腔，生于子囊座内，子囊孢子具纵横隔膜（图1-56）。

【发病规律】　病菌以介壳虫等刺吸式口器害虫的分泌物为营养生长，附生在橡胶叶上表面。橡副珠蜡蚧等介壳虫发生严重的橡胶园发病重。高温、干旱条件下易发病。

【防治方法】　化学防治。杀虫治病，发病橡胶树喷杀虫剂杀灭介壳虫即可有效防治煤烟病。

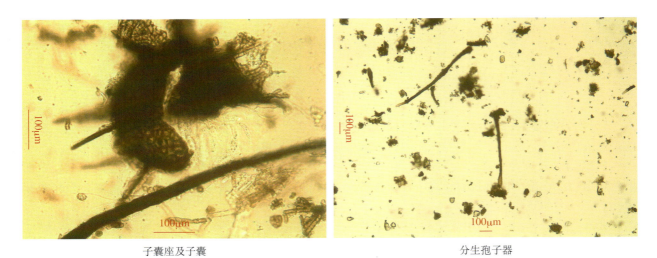

子囊座及子囊   分生孢子器

图1-56　腐生煤炱菌形态（李增平 摄）

橡胶树丛枝病

【分布及危害】　此病1959年在马来西亚首次报道危害橡胶幼树。我国在20世纪80年代有发现。丛枝病可危害橡胶树幼苗、幼树及开割橡胶树，发病率一般在1%以下，苗圃小苗发病率为0.32%，开割橡胶树0.96%。橡胶苗发生丛枝病后，生长发育迟缓，不能用于芽接；用丛枝病病株上采集的芽片嫁接的幼苗成活率较低；发生丛枝病的开割橡胶树同时有褐皮病发生。

【症状】　幼树或开割橡胶树的发病枝条变扁，呈带状、扇形，上部呈不规则扭曲，枝顶并排生长十几个小芽，后期丛枝提早干枯，存留在树干上，患丛枝病的开割橡胶树会同时患褐皮病；橡胶苗发病节间缩短，丛枝、顶端叶片变小成簇（图1-57）。

大树上的扇形丛枝　　　　　　　　大树上的带状丛枝　　　　　　　　大树上扭曲的丛枝

增殖圃橡胶树上的带状丛枝　　　　　　　　　　增殖圃橡胶树上的扭曲丛枝

图1-57　橡胶树丛枝病症状（李增平 摄）

【病原】　为原核生物界、硬壁菌门、柔膜菌纲、非固醇菌原体目、植原体属的植原体（*Phytoplasma* sp.= MLO）。在丛枝病病枝的韧皮部组织内的菌体呈球形、椭圆形、哑铃形或丝状，球形大小390～920 nm，膜厚约20nm。

【发病规律】 病菌可通过带病砧木、带病接穗嫁接传染，随橡胶树育苗用种子、接穗和嫁接苗调运做远距离传播。病砧木或接穗通过芽片嫁接传病率约22%，潜育期为 21 个月，用丛枝上的病芽嫁接的苗木会同时发生丛枝病和褐皮病。发生褐皮病的开割橡胶树在受风害后，会在其断干或倾斜的橡胶树茎干上抽出严重畸形的丛枝病梢。RRIM600、PB86等橡胶树品系较感病。

【防治方法】

1.科学育苗。不从发生褐皮病的病株上采种育苗，不使用丛枝病株做砧木或发生丛枝病的增殖圃病株上取芽片育苗。

2.物理防治。定期巡查橡胶树实生苗圃和增殖苗圃，发现丛枝病株一律挖除并烧毁。

3.化学防治。开割橡胶树发现丛枝病，及早对橡胶树割面涂施四环素类药剂或保01、保02等农药进行防治。

橡胶树褐皮病

【分布及危害】　此病1877年在巴西有报道，是世界植胶国家一种常见的重要割面病害，生产上也称为"死皮"。褐皮病主要危害橡胶树割面上下的茎干，发病橡胶树的割线局部或全线停止排胶，胶乳产量下降或被迫停割。部分橡胶园褐皮病发病率约12%，干胶产量损失达10%以上。

【症状】　发病初期，当天割胶时局部割线上方溢出的胶乳早凝，导致胶乳流动受阻而外溢，继而割线部分或全部皮层组织变黄褐色、红褐色或黑褐色干涸，不排胶。休割多年的发病橡胶树树皮增厚，表层树皮纵向爆裂，割面变形。在橡胶园间常为几株相连发生褐皮病，具发病中心；发生褐皮病的病株树冠枝条上往往会发生丛枝病，部分枝条变扁、扭曲、缩节、顶部叶片变小成簇（图1-58）。

割线不排胶　　　　　　　　　　　　　　　　　　　　乳管列组织变红褐色

休割期病株树皮坏死干裂　　　坏死树皮易脱落　　　　　　　田间连株发病

图1-58　橡胶树褐皮病症状（李增平　摄）

【病原】　为原核生物界、硬壁菌门、柔膜菌纲、非固醇菌原体目、植原体属的植原体（*Phytoplasma* sp.= MLO）。形态参阅橡胶树丛枝病。

【发病规律】　橡胶树褐皮病主要通过带菌种苗调运进行远距离传播，使用丛枝病苗木嫁接育苗的橡胶树易发生褐皮病；形成发病中心后，在田间通过割胶胶刀近距离传播，一般形成沿胶行连续数株发病的现象。橡胶树种植的纬度越低，发病越重；高温多湿是褐皮病发生的重要条件；不同的橡胶

树品系及树龄不同，其抗病性不同，PR107、GT1稍微抗病，RRIM600、PB86较感病；同一品系，树龄越大发病越重；割胶的次数和深度、刺激剂等因素与褐皮病的发生关系密切。用四环素和青霉素注射病株，能抑制病原和增加胶乳产量。

【防治方法】

1.**农业防治**。加强田间管理，控制割胶刀数、深度及刺激剂浓度；挖除苗圃中感染丛枝病的橡胶苗并烧毁；建立无病苗圃，种植无病苗。

2.**药剂防治**。开割橡胶树发现褐皮病，及早对橡胶树割面涂施四环素类药剂或保01、保02等农药进行防治。

橡胶树南方灵芝茎腐病

【分布及危害】 此病2017年海南有报道，在海南澄迈、儋州、保亭、定安、昌江等地及云南勐腊均有发现。主要危害橡胶树的茎干，发病橡胶树自上而下回枯，最后整株枯死。

【症状】 断干橡胶树发病，新抽枝条上的叶片失绿，无光泽，变黄脱落，生长不良，后期枝条枯死，茎干自上而下回枯，木质部组织白腐，重病植株地上部枯死后根系才会枯死（区别于根腐病）。雨季在病株的茎干侧面长出檐状担子果（图1-59）。

病株自上而下枯死　　　　　茎干上下长出檐状担子果　　　　　病株整株枯死

图1-59　橡胶树南方灵芝茎腐病症状（李增平 摄）

【病原】 为担子菌门、层菌纲、非褶菌目、灵芝属的南方灵芝 [*Ganoderma australe* (Fr.) Pat.]。病菌在PDA培养基上的菌落呈白色，老化变为乳白色，间生波纹状浅黄色带纹。担子果多年生，无柄，半圆形，上表面湿度大时呈黑褐色，干燥条件下呈浅褐色，被担孢子覆盖后呈土褐色，近边缘处具环带和环沟，边缘白色，下表面呈灰白色，老熟后呈灰褐色。担孢子呈南瓜子形，浅褐色，一端斜截，大小 (6.3 ~ 8.1) μm × (4.0 ~ 4.9) μm（图1-60）。

 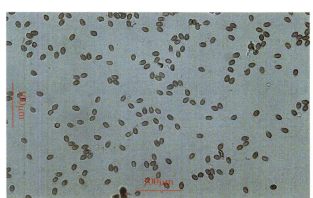

南方灵芝的担子果　　　　　　　　　南方灵芝的担孢子

图1-60　南方灵芝形态（李增平 摄）

【发病规律】　热带、亚热带地区南方灵芝的寄主较多，菌源充足。台风或强风会吹断橡胶树茎干，形成大伤口，南方灵芝菌担孢子通过气流传播到伤口处侵入定殖，引起橡胶树茎干组织白腐，并向茎干基部蔓延，直达根系，导致橡胶树整株枯死。高温多雨季节易发病。风害重的地区，橡胶园内的风断橡胶树较多，易发病。风倒橡胶树茎干被太阳灼伤也易发病。

【防治方法】　加强对橡胶园的管理。对风断橡胶树的断口及时进行修平，并涂防水涂剂以利其伤口愈合。防止橡胶树茎干受日灼、虫伤或机械损伤，预防南方灵芝菌的定殖危害。

橡胶树裂褶菌茎腐病

【分布及危害】　此病为橡胶园内零星发生的一种弱寄生木腐真菌病害。主要危害受日灼的橡胶树茎干或幼苗修剪后的顶端枝条，导致橡胶树茎干组织白腐，枝条回枯，病株生长不良。

【症状】　橡胶树东面和西面的受伤茎干上或有伤口的枝条上，长出白色至灰白色的扇形担子果。发病的茎干组织白腐，病株长势逐渐衰弱，枝条回枯（图1-61）。

枝条发病症状　　　　　　　　　　　小苗茎干发病症状

图1-61　橡胶树裂褶菌茎腐病症状（李增平 摄）

【病原】　为担子菌门、层菌纲、伞菌目、裂褶菌属的裂褶菌（*Schizophyllum commune* Fr.）。病菌子实体散生或群生于茎干或叶柄的表面，扇形，上披绒毛，边缘向下向内卷曲，具多数裂瓣，质地坚韧，初期白色，后期变灰白色，潮湿条件下呈浅黄褐色，菌盖直大小为（1.1 ～ 2.3）cm ×（0.6 ～ 3.7）cm（图1-62）。

干燥条件下生长的灰白色担子果　　　　潮湿条件下生长的浅黄褐色担子果

图1-62　裂褶菌的担子果（李增平 摄）

【发病规律】　橡胶树的茎干遭受日灼、火烤伤、机械伤、虫伤后，或幼苗修剪后受日灼，裂褶菌的担孢子通过气流传播落到伤口上侵入定殖，扩展后引起茎干组织腐烂，严重时造成整株枯死。增殖圃橡胶树或风倒树易发病，高温多雨季节易发病。

【防治方法】

1.**农业防治**。加强橡胶园的栽培管理，不要在橡胶园内特别是树头附近烧火，以防烤伤树干。

2.**化学防治**。对东面和西面因强风吹倾斜无枝叶遮挡的橡胶树树干用10%波尔多浆进行涂白，防止太阳灼伤树干。增殖圃橡胶树取芽条后对伤口进行涂封保护。

橡胶树寄生性种子植物病害

【分布及危害】 橡胶树上的寄生性种子植物病害常见的有橡胶树桑寄生、橡胶树鞘花寄生、橡胶树五蕊寄生、橡胶树菟丝子寄生等。橡胶树桑寄生在海南各市县的橡胶树上较常见；橡胶树鞘花寄生在海南临高、琼中、五指山、乐东、保亭、儋州、屯昌、陵水、白沙等地的橡胶园有发现；橡胶树五蕊寄生主要发生在云南西双版纳的橡胶园；橡胶树菟丝子寄生只在儋州开割橡胶树和海口的橡胶幼苗上有发生。此外，在乐东、儋州等地橡胶树桑寄生上还被扁枝槲寄生（*Viscum articulatum* Burm. f.）重寄生。海南及云南开割多年的老橡胶园中桑寄生的寄生率达15.7%～95.0%。寄生性种子植物寄生橡胶树的枝条和茎干，吸收橡胶树中的水分和营养，与橡胶树争夺阳光，导致橡胶树叶片发黄脱落，生势衰弱、抽叶延迟，被寄生严重的橡胶树枝条枯死，胶乳减产。

【症状】 被寄生性种子植物寄生的橡胶树，被寄生的橡胶树枝条或树干上部位肿大成瘤状或纺锤形，其上生长有寄生植物；桑寄生和五蕊寄生的茎基部长出匍匐茎沿橡胶树茎干或枝条表面不断向前生长，每隔一定距离再从匍匐茎下长出新吸根侵入橡胶树树皮吸取营养，后又在寄生部位上方长出新枝叶，其枝叶较柔软，植株形态多生长呈长椭圆形；鞘花寄生只在寄生部位生长一较大的球状肿瘤，其上生长的寄生植物枝叶较硬，植株形态多生长呈近球形；被寄生的橡胶树一般表现早落叶，迟抽叶，生势衰弱，胶乳产量下降，受害严重时枝条枯死；冬季橡胶树落叶后，被寄生橡胶树上的寄生植物非常明显。菟丝子寄生的橡胶树枝条和茎干肿大不明显，但会溢出少量胶乳，也能寄生叶柄，幼苗受害严重时，茎干和叶蓬上长满比牙签略粗的黄色藤，重病株整株枯死。

【病原】 广寄生 [*Taxillus chinensis*（DC.）Danser=*Loranthus chinensis* DC.]，为被子植物门、桑寄生科、钝果寄生属的半寄生常绿灌木，俗称"桑寄生"，寄主有36科150多种。桑寄生枝条上有突起的灰黄色皮孔，嫩梢及嫩叶表面长有黄褐色短毛；叶片互生或近于对生，革质，卵圆形至长椭圆形；花冠狭管状，紫红色，稍弯曲；幼嫩浆果表面密生小瘤突起，成熟浆果长约1cm，表皮光滑，椭圆形，淡黄色，顶端平截，基部钝圆（图1-63）。

图1-63　危害橡胶树的桑寄生（李增平 摄）

五蕊寄生 [*Dendrophthoe pentandra*（L.）Miq.]，为被子植物门、桑寄生科、五蕊寄生属的半寄生常绿灌木。嫩芽密被灰色短星状茸毛；叶长圆形或椭圆形，革质，互生或近对生；花托圆柱状或壶状，副萼杯状或漏斗状，具5个不规则的钝齿；花冠钟形，5裂，青白色或黄红色；花柱线状，具5棱；浆果橘红色，卵形（图1-64）。

图1-64　危害橡胶树的五蕊寄生（李增平　摄）

　　鞘花 [*Marcosolen cochinchinensis* (Lour.) Van Tiegh.]，为被子植物门、桑寄生科、鞘花属的半寄生常绿灌木；小枝表皮呈灰色，具明显皮孔；叶卵形至披针形，对生，革质，叶背中脉突起明显；总状花序，花托椭圆状，副萼环状，花冠橙色；果实近球形，橙色，果皮平滑（图1-65）。

图1-65　危害橡胶树的鞘花（李增平　摄）

　　南方菟丝子（*Cuscuta australis* R. Br.），为被子植物门、旋花科、菟丝子属的一年生全寄生草本植物；藤金黄色，纤细，肉质，无叶；花序侧生，多花簇生成小伞形，花冠乳白色或淡黄色，杯状，顶端圆；蒴果扁球形，种子淡褐色，卵形，表面粗糙（图1-66）。

图1-66　危害橡胶幼苗的南方菟丝子（李增平　摄）

【发病规律】 鸟类是传播桑寄生、五蕊寄生、鞘花的媒介，传播五蕊寄生的为纯色啄花鸟（*Dicaeum concolor*）。鸟类取食成熟富含糖类的寄生性种子植物浆果，消化果肉后，种子连同其表面的黏胶被吐出或随鸟粪排出黏附于橡胶树的茎干或枝条上，萌发后长出芽管和吸盘，吸附于橡胶树茎干或枝条表皮上，从吸盘内长出吸根侵入与橡胶树导管相连；从种子萌发开始经过3～4个星期建立寄生关系，从橡胶树体内吸取水分和无机盐，长出枝叶后制造自身所需的有机物不断发展壮大。靠近居民点、防护林、森林地且鸟类较多的老橡胶园，橡胶树受害较为严重。

菟丝子主要靠种子弹射和藤的自身蔓延攀爬进行近距离传播，通过人类携带种子和随意丢弃藤蔓进行远距离传播。

【防治方法】

1.**物理防治**。每年冬季橡胶越冬落叶后抽芽前，用利刀把寄生植物及其吸根，连同寄主的被害枝条一起砍除，寄生茎干只砍除寄生植物。小苗定植2年后，要定期巡查，一旦发现有寄生性种子植物寄生要及时砍除。

2.**药剂防治**。选用草甘膦、灭桑灵3号等药剂，利用高空喷杀法、树头钻孔埋药法等进行防治。喷雾药剂浓度为草甘膦∶水＝1∶2，或0.2%～0.3%草甘膦+1.5%柴油，或草甘膦∶调节膦∶水＝1∶1∶2。

橡胶树藻斑病

【分布及危害】　此病在海南、云南的部分橡胶园有零星发生。主要危害橡胶树的老化叶片和嫩茎，影响叶片的光合作用及嫩茎生长，导致叶片早衰，嫩茎组织坏死；被害橡胶树长势衰弱，生长不良。

【症状】　发病初期在叶面产生黄绿色针头大的小斑点，逐渐向四周呈放射状扩展，形成直径3～5mm、圆形隆起的黄绿色或黄褐色绒毛状病斑，后期病斑中央变灰白色、略凹陷。嫩茎上的藻斑较大，呈椭圆形，长有黄褐色绒毛（图1-67）。

叶片上的黄绿色藻斑　　　　　　　　　　　　嫩茎上的黄褐色藻斑

图1-67　橡胶树藻斑病症状（李增平 摄）

【病原】　为绿藻门、橘色藻科、头孢藻属的头孢藻（*Cephaleuros virescens* Kunze）。寄生藻的孢囊梗黄褐色、粗壮，有明显的隔膜，顶端膨大呈近球状或半球状，其上着生直或弯曲的瓶状小梗，每个小梗顶端着生扁球形或卵形的孢子囊；孢子囊黄褐色，大小（16～20）μm×（16～24）μm。高湿条件下孢子囊释放出肾形游动孢子（图1-68）。

  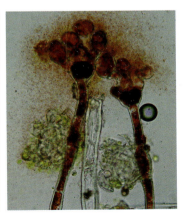

孢囊梗及幼孢子囊　　　　孢囊梗顶端膨大生长弯曲小梗　　　孢子囊释放游动孢子

图1-68　头孢藻的孢囊梗、孢子囊及游动孢子（李增平 摄）

【发病规律】　头孢藻的孢子囊在高湿条件下释放出游动孢子，通过风雨传播到橡胶树的叶片或嫩茎上萌发侵入引起病害发生。失管、荒芜、缺肥、靠近路边的橡胶树易发生藻斑病，在冬春季多雨、空气湿度较大时，病害发展迅速。头孢藻的寄主广泛，多种热带作物、热带木本果树和木本观赏植物都可寄生。

【防治方法】　加强橡胶园管理，定期清理树位，科学施肥，增强橡胶树的抵抗力。

橡胶树绿斑病

【分布及危害】 此病在海南、云南的部分橡胶园有零星发生。主要危害橡胶树的老化叶片，影响叶片的光合作用，导致叶片早衰，被害橡胶树长势衰弱，生长不良。

【症状】 发病初期，下层叶片上表面的叶脉、叶尖及叶缘处呈现黄绿色小点，扩展后相互汇合成黄绿色斑块，继而形成一层覆盖全叶的黄绿色藻斑，后期藻斑变暗绿色（图1-69）。

【病原】 为绿藻门、胶毛藻科、虚幻球藻属的虚幻球藻 [*Apatococcus lobatus* (Chodat) J. B. Petersen]。藻细胞球形，无色，单胞或3个至多个聚在一起；单个藻细胞直径5 ～ 18 μm，细胞壁薄，光滑，具色素体1个（图1-70）。

【发病规律】 绿斑病在失管、荒芜、缺肥、靠近路边的橡胶树易发生，在冬春季多雨、空气湿度较大时，病害发展迅速。虚幻球藻的寄主有柑橘、芒果、相思树、槟榔、油棕、剑麻等。

【防治方法】 加强橡胶园管理，定期清理树位，科学施肥，增强橡胶树的抵抗力。

叶蓬上的黄绿色藻斑

叶片上的黄绿色藻斑

叶蓬上的暗绿色藻斑

叶片上的暗绿色藻斑

图1-69 橡胶树绿斑病症状（李增平 摄）

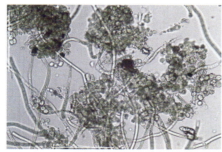
虚幻球藻的藻体

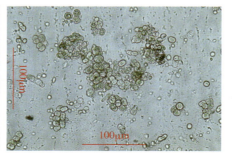
虚幻球藻的藻细胞

图1-70 虚幻球藻形态（李增平 摄）

橡胶树榕树绞杀

【分布及危害】　此病在海南儋州部分荒芜、失管的橡胶园内有零星发生。主要危害橡胶树的茎干和枝条，重病橡胶树叶片黄化脱落，生长不良，甚至整株枯死，但死亡时间需20年以上。

【症状】　受害橡胶树茎干上缠绕生长小叶榕植株，病株叶片失绿，生长不良（图1-71）。

【病原】　为植物界、被子植物门、桑科、榕属的绞杀植物小叶榕（*Ficus benjamina*）。叶狭椭圆形，长5～10cm，宽1.5～4.0cm，全缘，先端短尖至渐尖，基部楔形，两面光滑无毛。榕果成对腋生或3～4个簇生于无叶小枝叶腋，黄白色球形，直径4～5mm，花果期3—6月。

【发病规律】　小叶榕是热带、亚热带地区的常绿树种，常被人工种植作为景观树。其果实经鸟类取食后在橡胶树上停息时，果实中未被消化的种子随鸟粪排出，落到橡胶树茎干分枝处或烂洞内的腐殖质中发芽，定植成活后长出气生根和枝叶，其气生根不断向下生长扎入泥土后吸取营养不断加快生长，小叶榕树冠不断扩大，橡胶树上的气生根不断增多、变粗，相互接触连生合并变粗，逐渐形成小叶榕茎干紧紧包裹橡胶树茎干，限制了橡胶树茎干对养分的输送和正常生长。橡胶园附近小叶榕植株多、鸟类多，易被小叶榕定植。橡胶树茎干上有烂洞、分枝处有凹坑等有利于小叶榕的定植和生长。

【防治方法】　物理防治。定期巡园，及时发现受害橡胶树，人工砍除附着生长在橡胶树茎干上的小叶榕枝叶及气生根。

小叶榕危害橡胶树症状

气生根沿橡胶树茎干向下生长

气生根合并增粗

小根不断增粗合并成网状

细根逐渐合并包裹橡胶树茎干

图1-71　小叶榕绞杀橡胶树症状（李增平　摄）

橡胶树金钟藤害

【分布及危害】 金钟藤在海南琼海、琼中、五指山、万宁、文昌、屯昌、保亭、乐东等地发生较多。失管及管理粗放橡胶园近林缘的橡胶树被金钟藤的藤叶覆盖后，光合作用严重下降，橡胶树生长不良，重病株树冠枯死。

【症状】 受害橡胶树树冠的枝叶被金钟藤的绿色藤蔓及叶片覆盖，导致橡胶树生长不良、光合作用下降、黄叶枯枝（图1-72）。

【病原】 为植物界、被子植物门、旋花科、鱼黄草属的金钟藤 [*Merremia boisiana* (Gagn.) V. Ooststr.]。属大型缠绕藤本植物，茎圆柱形，无毛，幼茎中空。叶片近圆形，顶端渐尖或骤尖，基部心形，背面突起，叶柄无毛，近上部被小柔毛。花序腋生，多花，灰褐色，无毛，花序梗和花梗被锈黄色短柔毛；苞片小，狭三角形，花冠黄色，宽漏斗状或钟状；蒴果圆锥状球形，种子宽卵形，呈三棱状。

【发病规律】 橡胶树林段边缘高草灌木生长茂密，生长其上的金钟藤藤蔓易攀缘而上到达橡胶树树冠，长出大量藤叶后不断蔓延，覆盖橡胶树树冠，导致橡胶树生势衰弱，受害严重的橡胶树整株枯死。全年均可发生，失管及管理粗放的橡胶园，近林缘的橡胶树易受害。

【防治方法】

1. 农业防治。加强橡胶园管理，定期砍除临近橡胶树的高草灌木及橡胶树下垂枝，防止金钟藤藤蔓攀缘危害。

2. 物理防治。将受害橡胶树上的金钟藤藤蔓从基部砍断防治，连同根系一同挖除。

3. 化学防治。可喷除草剂杀死林缘生长的金钟藤。喷除草剂时要专注，防止将除草剂喷到橡胶树茎干、嫩梢或暴露的根系上，以防引起橡胶树药害。

雨季受害的大龄橡胶树

树冠盖满金钟藤的橡胶树

冬季受害的开割橡胶树

金钟藤的黄色钟状花

图1-72 橡胶树金钟藤害田间症状（李增平 摄）

橡胶树黄叶病

【分布及危害】　此病是缺素所引起的一种非传染性病害。发生较为普遍，主要分布在广东、广西等土质较瘦瘠，氮、钾、镁、磷缺乏的植胶区。受害橡胶树叶片发黄，影响生长，胶乳减产10%～30%。

【症状】　橡胶树在整个生长过程中，土壤中缺乏氮、钾、镁、磷都会引起黄叶病症状（图1-73）。

缺氮　　　　　　　　　　　　　　　　　　缺钾

缺镁　　　　　　　　　　　　　　　　　　缺磷

图1-73　橡胶树缺素症状（李增平　摄）

缺氮：病株下部较老的叶片褪绿，全叶均匀变黄。
缺钾：病株下部较老的叶片不均匀褪绿，叶缘组织呈黄色斑驳状，叶尖、叶缘枯焦。
缺镁：植株下部较老的叶片叶脉间的叶肉先变黄，由叶缘向内发展，叶脉仍呈绿色或黄绿色。
缺磷：老叶叶肉、叶尖开始逐渐变成红黄色，且带色泽较深的红斑。

【病原】　橡胶园土壤中缺乏氮、钾、镁、磷营养元素所致。除此之外，橡胶树遭遇低温冷害、土壤长期积水沤根，树皮遭受严重损坏等会引起橡胶树叶片发黄。根病、线虫病等传染性病害也能引起橡胶树叶片发黄。因此，产生黄叶的原因，除了从病状识别外，还要进行实地调研，观察田间是否有发病中心，结合近期天气情况和挖根检查，通过具体分析和室内测定才能确诊。

【发病规律】　此病发生与土质有密切关系。黄叶病多发生在深度风化的砖红壤丘陵地，成土母质为片麻岩、花岗岩。植胶前，由于植被受到破坏，表土流失严重，土壤肥力低，养分供应不足，后期管理又差，橡胶树生势衰弱，易发生严重的黄叶病，一般6—7月开始出现，8月普遍发生，9—10月发生最严重，重病株会提早落叶。在山区，橡胶树黄叶病一般山顶发病较重，凹地及下坡地较轻，山脚则较正常。

【**防治方法**】 对症进行测土配方施肥，及早施用橡胶树专用复合肥，使病株恢复正常生长。缺钾橡胶树，每年每株施用硫酸钾或氯化钾0.5kg。缺镁橡胶树，每年每株施用硫酸镁0.10 ～ 0.15kg，配合钾肥一起施用。缺氮橡胶树，每年每株施用硫酸铵1.0 ～ 1.5kg。补肥的同时配合施用优质的有机肥效果较好。

橡胶树寒害

【分布及危害】 　橡胶树寒害在云南、海南、广东的部分橡胶园发病较严重，云研77-4、PR107、热研879等橡胶树品种最易受害。橡胶树的叶片、枝条、茎干均可发生寒害，橡胶树遭受寒害后叶片发黄、变褐坏死，大量落叶，部分茎干、分枝爆皮溢胶或内凝，茎基烂脚，造成养分流失，橡胶树生长不良，小枝回枯或整株枯死，严重影响橡胶树生长和产胶。

【症状】 　橡胶树叶片、幼苗、幼树、开割树受寒害呈现各自不同症状和相似症状（图1-74）。

古铜嫩叶寒害叶尖，叶缘变褐扭曲

淡绿嫩叶寒害叶尖，叶缘变褐扭曲

老化叶寒害叶面呈现不规则形褐色病斑

老化叶寒害后期大量脱落

大树老化叶寒害后失绿发黄、脱落

叶蓬上的老化叶寒害后失绿发黄、脱落

发生严重寒害的苗圃实生苗

顶梢回枯和溢胶

受寒害的云研77-4幼树茎干溢胶

幼树整株落光叶

受寒害的PR107大树茎干溢胶

大树顶梢回枯

大树整株回枯

热研879茎干、割面流胶　　　　　　枯枝、树冠稀疏　　　　　　茎干树皮大面积变黑坏死

割面寒害溢出的点状凝胶　　　　　　割面寒害溢出的块状凝胶

原生皮寒害溢出凝胶处的表皮内部变褐　　　　　　原生皮寒害溢出凝胶处的组织变褐干枯

烂脚初期溢胶　　　　　　　　烂脚中期树皮坏死干裂　　　　　　　烂脚后期形成烂洞

图1-74　橡胶树寒害症状（李增平 摄）

1.叶片寒害。古铜色和淡绿色嫩叶受寒害，叶尖、叶缘呈现水渍状灰褐色病斑，向下卷曲，皱缩，重病叶脱落；老化叶寒害，叶片变黄或呈现大量不规则形病斑，病叶易脱落。

2.幼苗寒害。刚移栽成活不久的幼苗受寒害，叶片干枯脱落，整株枯死；1年生幼苗、1～3年生幼树受寒害，树冠顶端叶片变色脱落、失水干枯，随后枝条自顶端回枯，变褐，溢胶，敏感品系自上而下整株枯死。

3.大树和开割树茎干、割面、枝条溢胶，割面坏死。受寒害的大树茎干原生皮、开割橡胶树的割面上溢出团状或线状的白色凝胶，后期溢出凝胶处的树皮大面积溃烂，变黑坏死；病株树冠叶片发黄脱落，枝条回枯，寒害坏死树皮处的茎干易遭小蠹虫蛀食，重病株整株回枯死亡。

4.烂脚。发病橡胶树离地面30cm范围内的茎干基部，迎风面表皮受害部位初期内皮层变褐色，表皮隆起，爆裂溢胶，树皮内部夹有凝胶块，中期树皮溃烂，表皮坏死干裂，后期病部组织腐朽下陷，形成烂洞，呈现"烂脚"症状。

【病原】　由低温所致的非传染性病害。日平均温度小于13℃，日最低温度小于5℃，且持续时间长。

【发病规律】　寒害主要发生在橡胶树春季抽叶期。橡胶树遭遇2天以上＜10℃的低温发生辐射型寒害，遭遇5～10天的低温则发生平流型寒害。连续出现3天以上的日平均温度＜13℃，日最低温度＜5℃的降温过程，在荫蔽度大的林段便会发生烂脚病。春季低温、阴雨天数越多，橡胶树受寒害越重。烂脚主要发生在以辐射降温为主的地区，温度低、持续时间长、日照短。橡胶树茎干发生寒害后易遭小蠹虫蛀食危害。不同橡胶树品种抗寒能力不同，93-114抗寒力最好，热研879、云研774、保亭235抗寒力差，PB86、RRIM600抗烂脚病较差，PR107、GT1等品系抗烂脚病能力强。

【防治方法】

1.农业防治。采用抗寒性较好的GT1橡胶树品系的种子培育砧木，嫁接高产品系橡胶树育苗。在易发生寒害的地区选种抗寒橡胶树品系。冷空气能较长时间沉积的闭塞台地、洼地、低平地、马蹄形台地、V形峡谷地段、坡度在18°以上的阴坡地段不宜植胶。早春定植，合理施肥，在离开树干约20cm的根圈盖草并覆土，冬前（10月前）彻底铲除植胶带面的杂草进行压青施肥、修枝，停割后及时用防寒剂涂封割面防寒。易发生烂脚病的林段冬前采用油脂类或沥青涂封剂，涂封橡胶树北向和东向的茎基部进行保护。进入冬季后适当降低割胶强度，不要超深割胶。

2.物理防治。在强冷空气来临前在苗圃内熏烟及灌水、苗圃设置防风障等。苗圃受害橡胶苗和幼树要加强淋水施肥，待其抽芽后及时锯除枯死茎干。树皮爆皮流胶的橡胶树，拔出凝胶块后修去坏皮，用凡士林涂封活皮边缘或用加入防虫剂的沥青涂封伤口。

3.**化学防治**。在受寒害的橡胶树林段内悬挂小蠹虫诱虫装置或对受寒害的橡胶树茎干表面喷杀虫剂防治小蠹虫。

4.**受害开割橡胶树的处理**。适时、分类处理寒害橡胶树。处理的时间一般在寒害后橡胶树新抽第一蓬叶稳定、气温已稳步回升、受害部干枯边界分界明显时为好。割面寒害则要在寒害发生后及时处理。

茎干树皮爆胶的橡胶树，爆胶部位宽度＜5cm，拔出凝胶块即可；爆胶部位宽度5～10cm，拔出凝胶块后用刀修除坏死表皮，活皮边缘涂封凡士林；爆胶部位宽度＞10cm，拔出凝胶块后用刀修去坏死表皮，涂封加入杀虫剂的沥青。

整个割面受害的橡胶树，先在受寒害部位涂杀虫剂，待割面干枯后用刀刮除坏死组织，拔除胶线、胶膜。在活皮边缘形成层处涂封凡士林，或1：1的橡胶种子油，或松香合剂（沥青∶废机油∶松香＝1∶1∶0.4）；用沥青或沥青合剂（沥青∶废机油∶高岭土＝1.2∶1.0∶0.8）涂封木质部。

清除烂脚橡胶树病部坏死树皮及凝胶，在伤口处涂封1∶（1～1.5）的沥青、柴油混合剂。

橡胶树日灼病

【分布及危害】 此病是橡胶园在夏季高温天气下常见的一种非侵染性病害。主要危害橡胶树的叶片或茎干，造成橡胶叶干枯，茎干溢胶、变褐坏死，影响橡胶树生长甚至枯死。

【症状】 苗圃幼苗的叶片、幼树的茎干、风倒成龄树的树干在高温天气条件下遭受强烈阳光长时间照射，局部组织温度过高被灼死。嫩叶发病，叶尖或全叶失水变褐干枯；老叶发病，叶面呈现黄色、灰褐色或褐色不规则形坏死斑，病斑边缘不清晰。幼树向阳面的茎基部及风倒成龄树向上一面的树干表皮变褐干缩，溢胶，表面干裂，木质部变黑坏死（图1-75）。

古铜叶叶尖失水变褐干枯

淡绿叶叶尖失水变褐干枯

老化叶叶面的灰褐色坏死斑

老化叶叶面的褐色坏死斑

倾斜橡胶树茎干受日灼

茎干表皮溢胶

茎干表皮干裂

茎干木质部变黑坏死

图1-75 橡胶树日灼病症状（李增平 摄）

【病原】　高温强光所致。局部温度过高引起。

【发病规律】　强光长时间照射、地表石块的反射光、阳光照射到叶片上的水滴时都会引起日灼病的发生。新植橡胶苗和幼树的林段，地面无或很少覆盖物，朝向东面和西面的橡胶树易发生日灼。近林段边缘、周围较空旷的风倒树树干最易发生日灼，易遭小蠹虫等害虫蛀食或木腐菌定殖。

【防治方法】

1.**农业防治**。在定植2～3年的幼树林段行间开辟苗圃，可有效预防日灼病的发生。

2.**化学防治**。对可能遭受日灼的幼树茎基部和风倒树的茎干涂白，减少日灼的伤害。

橡胶树干热风害

【分布及危害】 此病在海南西培农场的个别橡胶园有发现。发病橡胶树整株叶片失水枯死脱落，影响橡胶树正常生长的胶乳产量。

【症状】 受害橡胶树整株叶片及嫩枝迅速失水凋萎，继而叶片变灰白色干枯，在几天后全部脱落，小枝顶梢失水皱缩回枯（图1-76）。

【病原】 干热风引起，风速＞3m/s，RH＜30%。

【发病规律】 夏季3—5月天气干旱时，海南儋州、西培等个别地区的山谷地橡胶园，常风大容易发生干热风害。处于干旱季节的橡胶树由于产胶及蒸腾作用本已消耗大量水分，再加上干燥的热空气长时间快速流过橡胶树的枝叶表面，又带走大量水分，造成水分供不应求，叶片及小枝因生理缺水而干枯。

【防治方法】 加强栽培管理，增施磷钾肥，提高橡胶树抗病能力。因病落叶的橡胶树，有条件的及时给予灌水，进行地面盖草，并对东南面和西南面的橡胶树树干进行保护，防止落叶后因强光照射灼伤树干。

发生干热风害的橡胶树

全株叶片枯死脱落

橡胶树叶片失水变灰白色干枯

枝条落光叶后顶梢回枯

图1-76 橡胶树干热风害症状（李增平 摄）

橡胶树旱害

【分布及危害】　此病是由干旱缺水所致的非传染性病害。在海南东方、昌江、白沙、琼中等地橡胶园有发生。受害橡胶树树冠顶端叶片黄化脱落，枝条回枯。造成橡胶树割胶推迟，影响胶乳产量。

【症状】　橡胶树新抽嫩叶变褐色或变黄色后脱落，树冠稀疏，叶片少，重病株全株落光叶，树冠小枝条失水回枯，枯枝多，生长不良，再抽叶生长迟缓（图1-77）。

【病原】　春夏季橡胶园长期干旱少雨，土壤严重缺水所致。

【发病规律】　橡胶树旱害主要发生在橡胶树春季抽叶后期，长时间高温、干旱少雨易发生旱害。春夏季高温、长时间不下雨，橡胶园土壤干旱缺水易发生旱害。白粉病发生严重的橡胶树林段，遇高温干旱天气易发生旱害而造成大落叶。海南东方、昌江、白沙、琼中等地的部分橡胶园因春夏季长期干旱少雨易发生旱害。

【防治方法】

1. 农业防治。冬前加强施肥管理，促使橡胶树生长健壮，增强抗旱性。
2. 物理防治。有条件的地区在土壤缺水时及时抽水灌溉。

发生中度旱害的橡胶园　　　　　　　　发生重度旱害的橡胶园

旱害橡胶树树冠稀疏　　严重旱害的橡胶树叶片整株落光　　严重旱害的橡胶树叶片发黄后脱落

图1-77　橡胶树旱害症状（李增平　摄）

橡胶树木龟

【分布及危害】 此病是橡胶树割面再生皮上常见的一种非侵染性病害。发病橡胶树割面突起不平滑，不利于割胶，影响胶乳产量。

【症状】 发病的开割橡胶树2m以下的茎干上长有大小不一、不规则形的木栓化瘤状突起，瘤状突起呈圆球状、锥状、椭圆状、条状、长鼻状或龟背状，单生、连生或多个聚生，瘤状突起的木质部不与橡胶树茎干的木质部组织相连，用刀易敲下。大的木龟可沿橡胶树茎干长到10～30cm宽、1m长以上的巨大瘤状物，橡胶树割面严重变形，不能割胶（图1-78）。

【病原】 机械损伤或虫伤，引起橡胶树茎干木质部组织增生。

【发病规律】 全年均可发生，主要发生在已开割多年的老橡胶树基部茎干的割面上和原生皮上，属非侵染性病害，不会传染。小木龟敲除后不再原位生长新木龟，但不敲除的小木龟可生长成大木龟。开割橡胶树茎干基部的原生皮受白蚁等害虫蛀食后易生长木龟。此病的发生与割胶技术好坏及害虫危害密切相关。

【防治方法】

1.**农业防治**。提高割胶技术，保持割胶深度均匀一致，割面平滑，尽量不超深割胶伤树。

2.**物理防治**。割胶时发现小木龟用胶刀刀背敲除，大木龟用斧头和砍刀剥除。

原生皮上的木龟　　　　　　长鼻状木龟　　　　　圆球状、短条状木龟　　　　　长条状木龟

再生皮上的圆球状、锥状木龟　　　多个聚生的球状木龟　　　　　木龟易与橡胶树主茎干剥离

图1-78　橡胶树木龟症状（李增平 摄）

橡胶树木瘤

【分布及危害】 此病是海南、云南等地民营橡胶园中橡胶树茎干割面再生皮上常见的非侵染性病害之一。发病橡胶树割面再生皮突起不平滑，不利于割胶甚至不能再割胶，影响胶乳产量，缩短橡胶树产胶期。

【症状】 发病的开割橡胶树割面再生皮上长有大小不一、呈半球形或不规则形突起的木栓化肿瘤，瘤状突起木质部与橡胶树茎干的木质部组织紧密相连，不能剥离。木瘤可在橡胶树割面再生皮上单生或呈串状生长，橡胶树割面再生皮凹凸不平，严重变形，不能割胶。发病严重的橡胶树木瘤布满整个橡胶树割面再生皮，再生皮已经不能再割胶（图1-79）。

【病原】 机械损伤。由胶工超深割胶造成的机械损伤所导致的橡胶树木质部组织增生。

【发病规律】 整个割胶周期均可发生，主要发生在已开始割胶的橡胶树割面上，有时也发生在未割胶的橡胶树茎干上。胶工割胶技术差、未经过严格的割胶技术培训就上岗割胶，超深割胶伤树易生长木瘤，与割胶技术好坏密切相关。

【防治方法】 对胶工进行严格的割胶技术培训，提高割胶技术，尽量不伤树割胶。

初期木瘤　　　　　　　　　　中期木瘤　　　　　　　　　　后期木瘤

割面上部分超深割胶伤树导致下一年长出木瘤　　　　长出众多木瘤的割面再生皮不能再割胶

图1-79　橡胶树木瘤症状（李增平 摄）

橡胶树药害

【分布及危害】 此病是橡胶生产中常见的一类由于栽培管理措施不当引起的非传染性病害。主要有除草剂药害、920刺激剂药害、乙烯利刺激剂药害等，危害橡胶树的叶片、枝条和茎干，受害橡胶树叶片畸形、黄叶，出现枯斑、落叶；枝条顶端节间缩短，丛枝；胶乳变紫红色，割线上出现褐色死皮，不排胶，重病幼树或开割橡胶树整株枯死，影响橡胶树的生产和胶乳产量。在海南定安、琼海、万宁、琼中、乐东、东方、昌江等地的橡胶园有发生。

【症状】 橡胶树不同药害症状各不相同（图1-80）。

幼苗发生草甘膦药害后新抽叶片变细长

幼苗发生草甘膦药害后新抽叶正常

大树草甘膦药害落叶后新抽叶片变细长

病株茎基可见人为注药钻孔及胶柱

大树草甘膦药害落叶后树梢长出丛枝及回枯

丛枝节间短小

发生除草剂药害的橡胶苗

病叶上呈现大小不一的灰白色圆形病斑

发生除草剂药害的幼树叶片发黄脱落

病株茎基表皮组织变黑褐色坏死

发生除草剂药害的橡胶树树冠稀疏

病株茎基可见人为注药孔及溢胶

发生920刺激剂药害的橡胶树叶片变细长

受害枝梢呈现细黄叶、丛枝、回枯

橡胶树乙烯利刺激剂药害　　　　　　　　　　　　　　胶乳变紫红色

图1-80　橡胶树药害田间症状（李增平　摄）

1.草甘膦除草剂药害。 受害橡胶树叶片变为宽1~2cm、长20~50cm的窄长条形，后期新抽嫩叶正常。受害严重的橡胶树幼苗落光叶片后，顶端抽出的嫩梢节间缩短，叶片细线状，呈现丛枝。受害幼树基部茎干一侧的表皮变褐坏死，顶端叶片变黄、变褐脱落，顶梢呈现丛枝，重病株枝条回枯，整株枯死。受害开割橡胶树茎基部出现黑色块状凝胶，拔出凝胶块后可见人为钻出的圆形注药孔，钻孔内有白色具弹性的粗圆柱状凝胶条；轻病株新抽叶片变细长，远观似相思树或桉树，生长不良，重病株叶片变黄脱落，嫩梢出现丛枝，后期枝条回枯，整株枯死。

2.其他除草剂药害。 受害橡胶树叶片上呈现大小不一的灰白色圆形病斑，部分叶片上的病斑坏死面积较大，易干枯脱落。

3.920刺激剂药害。 受害橡胶树枝梢上新抽叶片变细长，颜色发黄，畸形，生长不良，嫩梢出现少量丛枝、回枯，类同于草甘膦药害症状，但变细长的病叶比草甘膦药害稍短。

4.乙烯利刺激剂药害。 受害橡胶树割胶当天流出的胶乳变紫红色，后期割线上出现褐色死皮，不排胶。

【病原】

1.草甘膦。 喷草甘膦除草剂灭草时喷雾器的喷头处未加防护罩，或风大时喷除草剂，除草剂喷到橡胶树茎干、嫩梢、暴露的根系上，引起橡胶树发生药害。有的是为了占地，人为在橡胶树茎干基部钻孔注入草甘膦药液所致。

2.920（赤霉酸，广谱性植物生长调节剂）。 喷药调节芒果等果树开花时药液随风漂移到橡胶树叶片上。

3.乙烯利刺激剂。 刺激产胶在割线上涂乙烯利药剂时超标准高浓度用药，或直接使用果树催花用的高浓度乙烯利。

【发病规律】

1.除草剂药害。 全年均可发生，与喷除草剂灭草时操作不规范或人为注药毒杀橡胶树密切相关。橡胶园内林下自生橡胶苗或苗圃地临近路边的橡胶苗常见此病发生。近果园、槟榔园附近的橡胶树有此病发生。

2.920刺激剂药害。 临近芒果园附近的橡胶树易发病。橡胶树距离芒果树较近，下垂枝离地面较近，且处于下风口，果农对芒果树喷920刺激剂催花时风大，药液顺风飘飞到临近的橡胶树低层枝条和叶片上引起橡胶树受害，导致橡胶树春季受害枝梢上新抽嫩叶发黄畸形等。此病在海南东方广坝农场的个别橡胶园有发现。受害橡胶树叶片变细长的长条形。

3.乙烯利刺激剂药害。 自配药剂浓度混合不均匀、违规高浓度使用乙烯利刺激剂或使用高浓度的果树用刺激剂易发病。

【防治方法】

1.农业防治。

（1）除草剂药害。严格进行橡胶园管理，禁止因占地人为毒杀橡胶树。喷除草剂时要专注，防止将除草剂喷到橡胶树茎干、嫩梢或暴露的根系上产生药害。

（2）920刺激剂药害。加强橡胶园管理，定期砍除临近芒果园的橡胶树下垂枝。给芒果树喷920催花药时要选无风时喷药，同时压低喷头进行喷雾。

（3）乙烯利刺激剂药害。严格按施药标准要求使用橡胶树专用的乙烯利刺激剂。

2.物理防治。喷除草剂灭草时喷雾器的喷头处要加防护罩。靠近橡胶树树头的高草灌木采用人工清除。橡胶树树头的杂草采用人工除草。

橡胶树生理性花叶病

【分布及危害】 此病是一种因基因突变导致的非侵染性病害。海南部分苗圃地的实生苗有零星发生，主要危害橡胶树幼苗叶片，发病叶片上部分组织失绿发黄，病株生长不良。

【症状】 发病叶片呈现黄色或黄绿色斑块，病健交界处分隔清晰，病株生长不良（图1-81）。

【病原】 橡胶树基因突变引起。用健康橡胶树的芽片嫁接后症状消失，生长恢复趋于正常。

【发病规律】 橡胶树开花授粉后基因发生突变，所结种子种植后长出的橡胶苗才表现症状，田间发病率较低。

【防治方法】 发现病株后将其清除，不再用于嫁接。

小苗叶蓬发病症状

叶片上的黄白色不规则斑

小苗叶蓬上的叶片呈现黄绿色叶斑

叶片表面的黄绿色不规则斑

图1-81 橡胶树生理性花叶病症状（李增平 摄）

第二部分 棕榈科植物病害

海南大面积种植的棕榈科植物主要有槟榔、椰子、油棕、蒲葵、大王棕、鱼尾葵等，主要作为公园、住宅小区的绿化树种植。海南槟榔的种植面积现已发展成为仅次于橡胶树的第二大木本热带经济作物。槟榔上现已发现的病害有30多种，发生较为严重的有槟榔黄化病、病毒病、细菌性条斑病、狭长孢灵芝茎基腐病、炭疽病、除草剂药害等，其他次要病害有褐根病、叶点霉叶斑病、拟茎点霉叶斑病、枯萎病、鞘腐病等。海南椰子上发生较多的病害有芽腐病、灰斑病、泻血病、狭长孢灵芝茎基腐病、柄腐病、盐害等，国外发生严重的椰子致死黄化病、红环腐病在国内尚未有发现。其他棕榈科植物上发生的常见病害有南方灵芝茎基腐病、柄腐病、炭疽病、绿斑病、灰斑病等，其中柄腐病在油棕、蒲葵、中东海枣等棕榈科植物上发生尤其严重。

一、槟榔病害

槟榔芽腐病

【分布及危害】 此病是海南槟榔上的重要病害之一。主要危害槟榔茎干的顶芽，造成顶芽组织湿腐，不能再生长，整株枯死。

【症状】 发病槟榔树冠中心未展形的幼嫩绿色叶轴失绿，黄白色或灰白色湿腐，周围叶片仍保持绿色，腐烂的叶轴用手易拔出；病情向下扩展使幼嫩叶鞘及顶芽变褐色或灰白色湿腐，湿腐组织上生长大量腐生细菌后散发出恶臭；几个月内树冠上的全部叶片先后失绿变黄，继而变褐枯死，从叶柄基部下垂倒挂，相继脱落后只剩下光秃的主干，最后全株枯死（图2-1）。

初期发病症状

叶轴从基部倾折

叶轴基部湿腐易拔出

轻病区发病中心

重病区发病中心

前期症状

中期症状

后期症状

发病严重的槟榔园

病株顶芽灰白色湿腐

图 2-1 槟榔芽腐病田间症状（李增平 摄）

【病原】 为卵菌门、卵菌纲、霜霉目、疫霉属的槟榔疫霉 [*Phytophthora arecae* (Coleman) Pethybridge]。病菌的孢子囊为椭圆形、倒梨形或近球形，顶端具半球形乳头状突起。可产生厚垣孢子和卵孢子。

【发病规律】 病菌以卵孢子或厚垣孢子在病组织和土壤中越冬，条件适宜时产生游动孢子，通过风雨或昆虫携带传播到槟榔树冠嫩叶轴基部，条件适宜时产生游动孢子从嫩叶轴基部的虫蛀伤或机械伤伤口处侵入引发初侵染；发病后产生孢子囊和游动孢子，借风雨传播到邻近槟榔树嫩叶轴基部侵入引发再侵染。天气冷凉和高湿有利于此病的发生，台风雨或暴风雨季节病害易大发生。

【防治方法】
1.**农业防治**。平地槟榔园要高畦种植，避免过度密植，雨季清沟排水，清除杂草，使槟榔园通风透光。搞好田园卫生，定期清除园内的槟榔枯叶，并对病组织进行集中销毁；雨季定期巡园，发现中心病株（区）应及时砍除，并对重病株进行销毁。

2.**药剂防治**。重病株销毁后用1%等量式波尔多液等喷雾中心病株（区）附近的槟榔树冠，可有效预防此病。

槟榔黄化病

【分布及危害】 此病于1949年首次报道发生在印度的喀拉拉邦，多年后发病率高达90%，是槟榔发生最严重的病害之一。拉丁美洲、古巴及美国是主要发病区，在加勒比海黄化病是槟榔的毁灭性病害。我国于1981年在海南屯昌发现，目前在屯昌、琼海、定安、万宁、琼中等市县均有发生，重病园发病率高达90%，减产70%～80%。

【症状】 田间发病槟榔具明显的发病中心，呈现黄化型和束顶型两类症状（图2-2）。

黄化型：轻病株中下层2～3片叶失绿发黄，重病株整株叶片黄化，树冠缩小，顶端茎干变细，节间缩短，结果少或不结果，后期全部叶片变褐干枯，整株枯死。大部分植株发病5～7年后死亡。

束顶型：病株叶片变硬、短小，心叶皱缩、变硬、短小明显，顶端茎干节间缩短呈环状，树冠表现束顶症状，下层老叶易失绿发黄早衰；剥开病株膨大的叶鞘基部，可见新形成的小花苞水渍状褐变，已抽出的花穗畸形，顶端变褐干枯，结果少或不结果，果实提前脱落，胚乳变黑湿腐；后期病株树冠倒折枯死、脱落，变成光杆后整株死亡。

黄化型平地发病中心

黄化型坡地发病中心

黄化型前期

黄化型中期

黄化型后期

束顶型前期

束顶型中期（矮缩严重）

花穗畸形

束顶型发病严重的槟榔园

束顶型花穗顶端变褐坏死，小花苞变褐

图 2-2 槟榔黄化病田间症状（李增平 摄）

【病原】 原核生物界、厚壁菌门、植原体属的植原体（*Phytoplasma* sp.=MLO）。形态参阅橡胶树丛枝病。

【发病规律】 病菌在田间病株组织内越冬存活。主要通过病种苗调运进行远距离传播，田间近距离传播的媒虫为棕榈长翅蜡蝉（*Proutistia moesta*）等。在蜡蝉的唾液腺组织中的病菌在其刺吸取食时容易传播到 1 年生槟榔苗上引起发病，其病菌人工接种可侵染槟榔、山棕、油棕、蒲葵等 30 多种棕榈科植物。

【防治方法】

1. 加强检疫。无病区严格执行种苗检疫措施，严防此病传入。

2. 种植无病种苗和选种抗耐病品种。从无病槟榔园内高产的健康槟榔结果树上采种育苗，并对种苗进行检测，确保种苗健康。印度杂交种 Saigon×Mangala 经过试验测定有较高的耐病性。

3. 加强栽培管理。每年采果后挖穴施用腐熟的农家肥，同时增施磷、镁肥等，增强植株的抗病力和增加结果量。

4. 及时清除病株并进行药剂防治。未结果的病株和进入结果期的重病株及时挖除销毁，已结果的轻病株定期选用速灭杀丁、敌杀死等药剂防治传病媒虫，同时注射或根饲四环素类药剂，每株用 8.5g，加水 1 000mL，可抑制病菌的繁殖。

槟榔狭长孢灵芝茎基腐病

【分布及危害】 1807年就有灵芝菌引起槟榔茎基腐病的报道。海南以狭长孢灵芝引起槟榔的茎基腐病较为常见，且危害较重。此病主要危害5年生以上的槟榔，造成整株槟榔叶片黄化枯死，整株死亡。在海南万宁、琼海、定安、屯昌、陵水、三亚、乐东、保亭等地均有发现，部分槟榔园发病率达3%～5%。

【症状】 田间发病的槟榔植株从下层老叶开始失绿、从叶柄基部下折倒挂，继而变黄干枯，树势逐渐衰弱，最后全部叶片干枯，整株死亡；潮湿多雨季节在将死或已病死的槟榔茎干基部及暴露的根系上长出红褐色檐状担子果，茎基组织和病根呈海绵状湿腐（图2-3）。

下层老叶发黄，下折倒挂　　　　后期叶片全部干枯　　　　茎基上长出扇形黄褐色担子果

茎基上层叠生长多年的红褐色担子果　　　　茎基木质部组织海绵状白腐

图2-3　槟榔狭长孢灵芝茎基腐病症状（李增平　摄）

【病原】 为担子菌门、层菌纲、非褶菌目、灵芝属的狭长孢灵芝（*Ganoderma boninense* Pat.）。担子果一年生至多年生，无柄或有粗短的柄，木栓质。担子果无柄或具红褐色短柄，贝壳形、半圆形或扇形，红褐色或黑褐色，边缘白色或橘黄色，有细密清晰的同心环纹和放射状突起的纵脊，具似漆样光泽，多年生担子果向下呈阶梯扩大层叠生长；下表面新鲜时白色，触摸后变为浅褐色，干后为草黄色。担孢子呈狭长的南瓜子形，厚壁，老熟担孢子一端斜截，大小（9.7 ~ 12.1）μm×（4.6 ~ 6.3）μm（图2-4）。

潮湿条件下生长的一年生担子果

干旱条件下生长的多年生层叠担子果

产生担孢子、具短柄的第二年生担子果

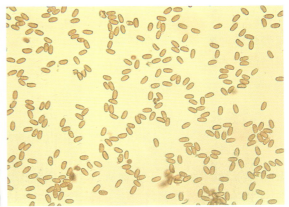
担孢子

图2-4 槟榔病株茎基生长的狭长孢灵芝形态（李增平 摄）

【发病规律】 此病的初侵染源主要来自槟榔园内的病株树桩或周围发病的野生寄主茎基部长出的担子果上产生的担孢子，担孢子借风雨传播到槟榔茎基部和暴露的须根系的伤口处引起发病，形成发病中心，不断产生担孢子传播侵染扩大病区。荒芜失管、排水不良和密度过大的槟榔园发病较重。槟榔茎基受机械伤、日灼伤和白蚁等害虫伤易发生此病。

【防治方法】

1.加强栽培管理。平地高畦种植，坡地修环山行种植；消灭荒芜，除草时避免伤及槟榔茎基树干和暴露的根系；每年挖穴施用腐熟的农家肥，配合施用磷、钾肥，增强槟榔的抗病力。发现有白蚁等害虫危害槟榔基部茎干时及时清除覆盖于茎基表面的泥层。

2.清洁田园。槟榔种植3年露干和露根后定期巡园，发现病株及时处理，重病株挖除销毁。同时对槟榔园周围的发病野生寄主上的担子果也要清除。

3.药剂防治。轻病株，可选用十三吗啉、根康、粉锈灵等药剂淋根防治。用涂白剂涂抹槟榔茎基进行保护。

4.生物防治。木霉菌（*Trichoderma viride*）、芽孢杆菌（*Bacillus subtilis*）、链霉菌（*Streptomyces* sp.）等对灵芝菌引起的茎基腐病有拮抗作用，可制成生物菌肥进行生物防治。

槟榔南方灵芝茎基腐病

【分布及危害】 此病在海南槟榔园零星发生。主要危害5年生以上的槟榔，造成整株槟榔叶片黄化干枯，整株死亡。在海南万宁、琼海、定安、屯昌、陵水、儋州、保亭等地均有发现，部分槟榔园发病率达1%～2%。

【症状】 田间发病的槟榔植株从下层老叶开始失绿、从叶柄基部下折倒挂，继而变黄干枯，树势逐渐衰弱，最后全部叶片干枯，整株死亡；潮湿多雨季节在将死或已病死的槟榔茎干基部及暴露的根系上长出土褐色或褐色檐状担子果，茎基组织和病根白腐（图2-5）。

【病原】 为担子菌门、层菌纲、非褶菌目、灵芝属的南方灵芝 [*Ganoderma australe* (Fr.) Pat.]。担子果一年生或多年生，无柄或具短柄，木栓质。菌盖半圆形或不规则形，上表面土褐色至褐色，有显著的同心环棱或环带，无似漆样光泽；边缘薄，波浪状，不孕带宽；下表面灰白色；大小（10.3～14.9）cm×（10.2～15.2）cm，边缘厚0.30～0.98cm，基部厚4.2～5.6 cm。担孢子南瓜子形，淡褐色，顶端平截或有透明突起，双层壁，孢壁有疣状纹饰，外壁无色透明，内壁褐色、加厚，有明显的小刺，大小（6.3～8.3）μm×（3.8～5.4）μm（图2-6）。

【发病规律】 参阅槟榔狭长孢灵芝茎基腐病。

【防治方法】 参阅槟榔狭长孢灵芝茎基腐病。

老叶失绿发黄，下折倒挂　　　　　整株枯死　　　　　茎基生长檐状褐色担子果

图2-5　槟榔南方灵芝茎基腐病田间症状（李增平 摄）

 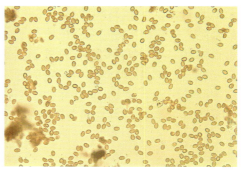

潮湿条件下生长的褐色担子果　　　　　　　　担孢子

图2-6　槟榔上生长的南方灵芝形态（李增平 摄）

槟榔二孢假芝茎基腐病

【分布及危害】　此病在海南槟榔园零星发生。主要危害已结果槟榔的基部茎干，造成整株槟榔叶片黄化干枯，整株死亡。在海南乐东、琼海、保亭等地均有发现，部分槟榔园发病率为1%。

【症状】　田间发病的槟榔植株从下层老叶开始失绿发黄、从叶柄基部下折倒挂，继而失水干枯，最后全部叶片发黄干枯，整株死亡；潮湿多雨季节在将死或已病死的槟榔茎干基部及暴露的根系上长出黑红色或黑色檐状担子果，茎基组织和病根组织白腐（图2-7）。

【病原】　为担子菌门、层菌纲、非褶菌目、假芝属的二孢假芝 [Amauroderma subresinosum (Murrill) Corner]。担子果一年生，无柄，木栓质，半圆形或贝壳形，大小（4.0～12.5）cm×（8.7～19.5）cm，边缘厚0.2～0.8cm，基部厚0.9～5.4cm；担子果幼时较软，边缘黄白色，干后奶油色；生长期的担子果上表面中部至基部为红褐色或全部呈黑褐色，有细密的同心环纹，具似漆样光泽，边缘及下表面呈黄白色；老化担子果上表面呈黑色，皱缩形成皱褶，边缘薄，呈波浪状，下表面呈灰褐色，干后变灰白色。担孢子有大孢子和小孢子两种，大孢子卵圆形，浅褐色，单层壁，表面有小刺，大小（11.9～12.2）μm×（7.8～8.7）μm；小孢子圆形，淡黄褐色，双层壁，外壁无色透明，内壁褐色有小刺，孢壁有疣状纹饰，大小（3.3～5.9）μm×（3.5～5.2）μm（图2-8）。

【发病规律】　参阅槟榔狭长孢灵芝茎基腐病。

【防治方法】　参阅槟榔狭长孢灵芝茎基腐病。

枯死病株　　　　　　衰老的黑色担子果　　　　　　茎基部生长的黑色和红褐色檐状担子果

图2-7　槟榔二孢假芝茎基腐病田间症状（李增平　摄）

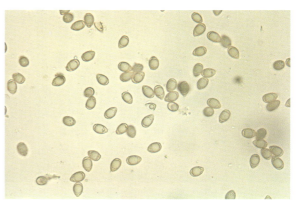

老化担子果正面和新鲜担子果背面　　　　　　　　成熟担孢子

图2-8　槟榔上生长的二孢假芝形态（李增平　摄）

槟榔褐根病

【分布及危害】　此病在海南万宁、陵水、琼海等地均有发现。主要危害槟榔的基部茎干和根系，造成槟榔树冠叶片失绿、发黄干枯，重病株整株枯死。

【症状】　发病植株下层老叶片褪绿、黄化，从叶柄基部下折倒挂后干枯，树干干缩，呈灰褐色坏死，后期叶片全部枯死、脱落，整株死亡。病株茎基和病根内部组织干腐，具单线渔网状褐纹，后期腐料成蜂窝状。潮湿条件下病株茎基部长出褐色檐状或不规则形担子果（图2-9）。

【病原】　担子菌门、层菌纲、非褶菌目、木层孔菌属的有害木层孔菌（*Phellinus noxius* Corner）。形态特征参阅橡胶树褐根病。

【发病规律】　参阅橡胶树褐根病。

【防治方法】　参阅橡胶树褐根病。

病株下层老叶发黄下折倒挂

树冠叶片干枯

茎基木质部的褐色渔网纹

病株茎基木质部组织干腐呈蜂窝状

病根木质部的褐色渔网纹

图2-9　槟榔褐根病田间症状（李增平　摄）

槟榔黑纹根病

【分布及危害】　此病在海南儋州、万宁、陵水、琼海、保宁等地均有发现。主要危害槟榔的基部茎干，造成槟榔树冠叶片失绿、发黄干枯，重病株整株枯死。

【症状】　病株从下层老叶开始褪绿变黄，并逐渐枯死。病株基部茎干和病根组织干腐，木质部剖面有波浪状或锯齿状黑色线纹，黑纹有时闭合成小圆圈。多雨潮湿季节在病株基部茎干表面长出单独块状或连生子座，子座初期灰白色和青灰色，后期变为黑色炭质，表面凹凸不平，干燥后具不规则裂纹（图2-10）。

【病原】　子囊菌门、核菌纲、球壳目、焦菌属的炭色焦菌 [*Ustulina deusta*（Hoffm. et Fr.）Petrak]。形态特征参阅橡胶树黑纹根病（图2-11）。

【发病规律】　参阅橡胶树黑纹根病。

【防治方法】　参阅橡胶树黑纹根病。

病株整株枯死　　　　　　　　茎基有圆圈状黑纹　　　　　　　茎基木质部的锯齿状黑纹

图2-10　槟榔黑纹根病田间症状（李增平　摄）

图2-11　生长于槟榔树头的黑纹根病菌子座（李增平　摄）

槟榔炭疽病

【分布及危害】 此病是槟榔园常见的重要叶部病害之一。主要危害槟榔下层老叶上的小叶，也可危害叶鞘、茎干、花穗和果实，引起叶斑、叶鞘和茎干坏死，以及落花、落果、果实腐烂，对槟榔的生长和产量影响较大。

【症状】 槟榔的叶片、叶鞘、茎干、花穗、果实发病呈现不同的症状（图2-12）。

苗期的波浪纹叶斑　　　　云纹叶斑上轮生小黑点　　　老叶叶尖的波浪纹叶斑　　　发病严重的槟榔

单个波浪纹叶斑　　　多个波浪纹叶斑　　　初期病斑　　　中期病斑　　　后期病斑

叶鞘上的波浪纹斑　　　叶鞘大面积坏死　　　整株叶片枯死　　　叶鞘上的粉红色黏液状孢子堆

花苞上的黑色凹陷病斑

青果上的粉红色黏液状孢子堆

熟果上的粉红色黏液状孢子堆

图2-12　槟榔炭疽病田间症状（李增平　摄）

1. 叶片发病。 小叶上初期出现褐色小斑点，具明显黄色晕圈；继而扩展成圆形、椭圆形、梭形、多角形或不规则形病斑，病斑中央变灰褐色，边缘具一圈较宽的深褐色坏死带；后期病斑中央变灰白色，具云纹或波浪状纹，病斑中央轮生或散生众多小黑点状的分生孢子盘，重病叶变褐枯死，易破碎。

2. 叶鞘发病。 绿色叶鞘发病初期呈现长椭圆形或不规则形褐色小病斑，稍下陷，继而扩大为宽10cm、长30～40cm的褐色大病斑，病斑上长出大量粉红色黏液状孢子堆或排成细密同心轮纹的小黑点状分生孢子盘，病叶变褐干枯，重病株茎干变褐坏死，整株枯死。

3. 花穗发病。 花苞基部呈现黑色凹陷病斑，已抽出花穗的雄花小花轴变黄，而后很快从顶部向下蔓延至整个花轴，引起花穗变黑褐色回枯，雌花脱落。

4. 果实发病。 表面呈现圆形或椭圆形、褐色或黑色病斑，病斑中央略凹陷，高湿条件下，病斑表面长出粉红色黏液状孢子堆，后全果腐烂。

【病原】　为半知菌类、腔孢纲、黑盘孢目、刺盘孢属的多种炭疽菌（*Colletotrichum* spp.）。有性态为子囊菌、小丛壳属的围小丛壳 [*Glomerella cingulata*（Stonem.）Spauld. & Schrenk]。常见种为暹罗炭疽菌（*Colletotrichum siamense* Prihastuti, L. Cai & K. D. Hyde）。病菌分生孢子盘轮生或散生，其上稀疏生长有直而硬的深褐色刚毛，具1～2个分隔。分生孢子梗无色，单胞，圆柱形，呈栅栏状排列。分生孢子在分生孢子梗上顶生，长椭圆形，单胞无色，大小（13.5～27.5）μm×（4.2～5.9）μm，孢子内部可见1～3个油滴（图2-13）。

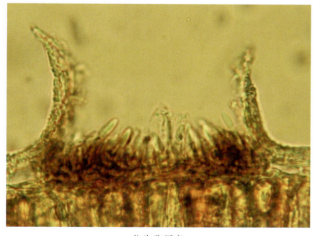
分生孢子盘

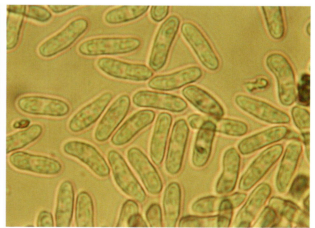
分生孢子

图2-13　槟榔炭疽病菌（暹罗炭疽菌）的分生孢子盘及分生孢子（李增平　摄）

【发病规律】　病菌以菌丝和分生孢子盘在田间病株及病残体上越冬，成为下一年的主要初侵染源。高湿条件下病菌分生孢子盘上释放出大量散形的分生孢子，借风雨、露水、昆虫传播到槟榔植株

上的伤口或侵入自然孔口处引起发病，潜育期2～4天。病菌除危害槟榔外，还可侵染益智、巴戟、肉桂、砂仁、橡胶树、芒果等多种植物。20～30℃多雨高湿季节有利于病害的发生和发展；槟榔遭受机械伤、日灼伤、寒害伤、风害伤多发病较重；密植、荫蔽度大、缺肥、植株生长衰弱，病害易发生和蔓延。

【防治方法】

1.加强槟榔园管理。平地高畦种植，坡地修环山行种植，雨季前及时清沟除草，降低田间湿度；合理施肥，多施有机肥，促使槟榔生长健壮，增强抗病力。

2.搞好田园卫生。定期清除槟榔园中的病死叶片和落地的叶片、果实等，集中销毁。

3.药剂防治。在发病初期，选用1%等量式波尔多液、70%甲基托布津、80%代森锌、0.2%的敌力脱等药剂喷雾防治。

槟榔叶点霉叶斑病

【分布及危害】　槟榔叶点霉叶斑病又称褐斑病、斑点病、叶枯病，是槟榔上常见的叶部病害之一。主要危害槟榔叶片，以幼苗和4～10年生的槟榔发病率较高，造成叶片枯死脱落，幼苗死亡。1982年海南屯昌大面积种植的幼苗发病率高达53.3%～100.0%，造成幼苗连片死亡，损失严重。

【症状】　发病初期，叶片上呈现圆形、黑褐色小点，边缘具黄色晕圈；继而扩展为直径1～5cm的椭圆形或不规则形病斑，病斑中央灰褐色或灰白色，具明显的同心轮纹并散生许多小黑点状的分生孢子器，边缘暗褐色，外围有水渍状、暗绿色晕圈。多个病斑汇合后连成长条形大斑，引起叶片干枯纵裂（图2-14）。

【病原】　为半知菌类、腔孢纲、球壳孢目、叶点霉属的槟榔叶点霉菌（*Phyllostica aecae* Diedecke）。分生孢子器黑色，扁球形；分生孢子卵圆形或长椭圆形，单胞，无色（图2-15）。

【发病规律】　病菌以分生孢子器、菌丝在田间病株和病组织上越冬，翌年在适宜条件下病菌产生分生孢子，通过气流传播到槟榔叶片上萌发，从伤口和自然孔口侵入引起发病，再产生分生孢子不断进行再侵染加重病情。气温偏低、冷凉，连续阴雨或高湿度适宜此病发生，高温干旱天气病害发展缓慢或停止；苗床通风透光不良，湿度高，且用带病的槟榔叶片搭荫棚使发病较重；偏施氮肥的幼苗叶片柔嫩，抗性差，容易发病。

【防治方法】

1.**农业防治**。加强栽培管理，合理施肥，雨季排除田间积水，消灭荒芜，定期清除病残组织。

2.**科学选地育苗**。不要在带病的槟榔树下育苗，更不要用带病的槟榔叶片搭阴棚育苗。

3.**药剂防治**。发病初期，选用1%等量式波尔多液、50%多菌灵、50%托布津、70%甲基托布津、50%代森锰锌等喷雾防治。

具黄晕圈的褐色小斑　　　　椭圆形褐色病斑　　　　边缘具轮纹的褐色斑

图2-14　槟榔叶点霉叶斑病田间症状（李增平 摄）

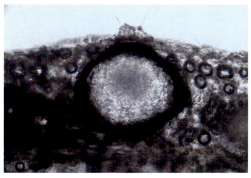 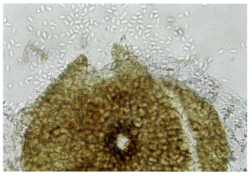

图2-15　槟榔叶点霉菌的分生孢子器（左）和分生孢子（右）（李增平 摄）

槟榔拟茎点霉叶斑病

【分布及危害】 此病是海南槟榔园内常见的病叶斑病之一。在海南文昌、海口、琼中、乐东等地均有发生。主要危害槟榔叶片，造成叶片变褐坏死、早衰干枯，影响槟榔的正常生长及产量。

【症状】 槟榔下层老叶易发病，初期在叶片呈现褐色小斑点，周围具黄晕圈，扩大后形成1～2cm宽的近圆形、椭圆形或半圆形褐色病斑，其上轮生或散生小黑点状的分生孢子器，病斑边缘具一圈较窄的黑色坏死带，外围呈褐色水渍状，多个病斑扩展汇合后造成叶片大面积坏死或叶尖枯死；后期病斑中央组织变灰白色薄纸状，易干裂，重病叶发黄枯死，甚至脱落（图2-16）。

【病原】 无性态为半知菌类、腔孢纲、球壳孢目、拟茎点霉属的槟榔拟茎点霉（*Phomopsis arecae*），有性态为子囊菌门、核菌纲、球壳目、间座壳属的槟榔间座壳 [*Diaporthe arecae*（H. C. Srivast., Zakia & amp；Govindar.) R. R. Gomes,C. Glienke & Crous]，分生孢子器埋生于病叶表皮下，单生，扁球形。其分生孢子具两型：α 型分生孢子单胞无色，椭圆形或纺锤形，大小（4～8）μm ×（1.2～2.0）μm，内含2个油球；β 型分生孢子单胞无色，线形，一端弯曲成钩状，大小（19～37）μm ×（0.7～1.1）μm（图2-17）。

【发病规律】 参阅槟榔叶点霉叶斑病。

【防治方法】 参阅槟榔叶点霉叶斑病。

褐色椭圆病斑　　　　病斑上轮生小黑点　　　　单个灰白色病斑　　　　多个病斑汇合

图2-16　槟榔拟茎点霉叶斑病田间症状（李增平 摄）

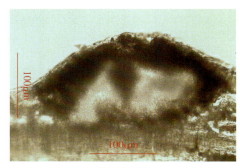 

分生孢子器　　　　　　　　　　　α 型分生孢子

图2-17　槟榔拟茎点霉形态（李增平 摄）

槟榔鞘腐病

【分布及危害】　此病是海南槟榔园内常见病害之一，在管理较差的槟榔园发病率为3%～10%，在其他棕榈科植物如大王棕上也较为常见。此病主要危害槟榔下层老叶叶鞘和茎干，造成叶片早衰枯死不脱落，茎干纵向开裂，一般情况下不易造成植株整株死亡，但会影响槟榔的正常生长和产量。

【症状】　发病槟榔下层老叶的叶鞘和叶片早衰枯死，枯死叶鞘紧贴于槟榔茎干上不脱落，撕开枯死叶鞘后可见其下长满白色菌丝和菌索，发病严重的植株茎干纵向开裂。多雨潮湿季节在枯死叶鞘和发病茎干表面长出伞形担子果（图2-18）。

【病原】　为担子菌门、层菌纲、伞菌目、微皮伞属的白微皮伞菌 [*Marasmiellus candidus* (Bolt.) Sing]，是一种弱寄生的木腐菌。担子果群生、单生或散生，无柄或具短柄，初期伞形，后平展，膜质，纯白色，菌盖大小 (0.3～1.7) cm×(0.4～3.5) cm，菌柄大小 (0.1～10.0) mm×(1～2) mm；菌肉薄，白色，菌褶稀疏，不规则排列（图2-19）。

【发病规律】　此病通常发生于荒芜失管、通风透光不良、荫蔽潮湿的槟榔园，以3～5年生的槟榔最易受害。

【防治方法】　加强槟榔园管理，及时除草施肥，保持槟榔园通风透光，提高槟榔抗病力；对发现的病株，采用简单的人工剥除发病枯死的叶片即可有效地防治。

病叶早枯下折倒挂　　　叶鞘上生长的白色菌丝　　　重病株茎干纵向开裂　　　叶鞘上生长伞形担子果

图2-18　槟榔鞘腐病田间症状（李增平　摄）

枯死叶鞘上生长的担子果　　　茎干发病部位生长的担子果

图2-19　白微皮伞菌的担子果（李增平　摄）

槟榔裂褶菌茎腐病

【分布及危害】 此病为槟榔园内常见的一种零星发生的茎干病害。主要危害槟榔受日灼伤、火烤伤、机械伤的茎干和叶片，造成植株生长不良，严重时整株枯死。

【症状】 槟榔离地面1.0 ~ 1.5m高的受伤茎干、叶鞘或叶柄组织先变褐腐烂，多雨季节在发病部位长出白色、灰白色或黄白色扇形担子果。病株长势逐渐衰弱，受害叶片失绿发黄，最终枯死（图2-20）。

【病原】 为担子菌门、层菌纲、伞菌目、裂褶菌属的裂褶菌（*Schizophyllum commune* Fr.）。担子果散生或群生于发病茎干或叶柄的表面，扇形，上披绒毛，边缘向下向内卷曲，具多数裂瓣，质地坚韧，初期白色，后期变灰白色或黄白色，大小（1.1 ~ 2.3）cm×（0.6 ~ 3.7）cm。

【发病规律】 病害仅在个别管理较差或管理不当的槟榔园内零星发生，病菌为弱寄生的木腐菌，可在病残组织上存活生长。通常在槟榔茎干、叶柄受到人为烧火烤伤或太阳灼伤后，病菌产生的担孢子通过气流传播从伤口处侵入定殖，扩展后引起茎干或叶柄组织腐烂，导致植株生长衰弱或枯死。

【防治方法】 加强槟榔园的栽培管理，防止东面和西面的槟榔茎干被太阳灼伤，不要在槟榔园内特别是树头附近烧火，以防烤伤茎干。剪除发病的叶片后集中销毁。对发病的茎干，用刀削除病部组织，喷防水涂剂保护。对东面和西面易受日灼的槟榔基部茎干用10%波尔多浆或树木涂白进行涂刷保护。

叶柄上的褐色病斑及扇形担子果

叶鞘上的褐色病斑及扇形担子果

茎干发病部分长出灰白色扇形担子果

潮湿条件下生长的黄白色扇形担子果

图2-20 槟榔裂褶菌茎腐病田间症状（李增平 摄）

槟榔枯萎病

【分布及危害】　此病在海南乐东、万宁、保亭、儋州等地低洼易积水的槟榔园较为常见。主要危害幼苗、幼龄期槟榔的根系和生长点，造成槟榔整株叶片发黄干枯，重病株整株枯死。

【症状】　幼苗发病，植株一侧的叶片失绿，呈青绿色失水干枯，同一侧根系的维管束变褐坏死，蔓延到生长点处导致心腐，后期整株死亡；幼龄槟榔和结果槟榔发病，叶片失绿发黄，下层病叶干枯，从叶柄基部下折倒挂于茎干上，部分根系维管束变褐坏死，重病株整株枯死，须根及根茎维管束变褐坏死（图2-21）。

【病原】　为半知菌类、丝孢纲、瘤座孢目、镰刀菌属的尖孢镰刀菌（*Fusarium oxysporum* Schl.）。形态参阅橡胶树枯萎病。

【发病规律】　尖孢镰刀菌是一种土壤习居菌，可在土壤中长期存活，且寄主范围较广。条件适宜时产生的分生孢子借风雨、农事操作等传播到槟榔根系的虫蛀伤、机械伤、药害伤等伤口处侵入引起发病。平地槟榔园未进行高畦栽培，坡地槟榔园未修环山行，槟榔树头、低洼易积水容易发病。槟榔园内白蚁等害虫多易发病，雨季除草时伤根或喷除草剂伤根发病重。

【防治方法】　加强栽培管理，平地槟榔园进行高畦栽培，坡地槟榔园修筑环山行种植，槟榔树头适当培土。除草时避免伤根，喷除草剂时不要喷到槟榔暴露的须根系上或茎干基部。增施有机肥，提高槟榔的抗病能力。清除销毁重病株。

幼苗叶片失水干枯

一侧根系变褐和心腐

幼树叶片发黄

整株叶片发黄

整株叶片枯死

枯死叶片下折倒挂

根系维管束变褐坏死

图2-21　槟榔枯萎病田间症状（李增平　摄）

槟榔细菌性条斑病

【分布及危害】 1970年印度首次报道此病。我国于1985年发现此病，是海南槟榔园最严重的病害之一。主要危害幼龄期的槟榔叶片，刚进入结果期的槟榔叶片也会受侵染，重病区植株发病率高达85%～100%，重病株下层叶片变褐枯死，严重影响槟榔的生长和产量。

【症状】 叶片发病初期呈现暗绿色至淡褐色、水渍状的椭圆形小斑点，具明显黄晕圈，继而扩展成宽1cm、长1～10cm的深褐色短条斑，其周围黄晕明显。潮湿条件下，病斑背面渗出淡黄色菌脓。重病株病叶破裂，全叶变黄后枯死（图2-22）。

发病严重的叶片

黑褐色长条形病斑

椭圆形或长条形褐色病斑

重病叶片黄化

重病叶片黄化下垂

重病叶片黄化枯死

刚开始发病的平地幼龄槟榔

病叶上的深褐色长条斑

严重发病的山坡地细果槟榔叶片发黄，叶尖破裂

病叶上的褐色长条斑

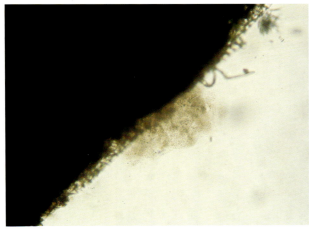

病叶组织镜检时的喷菌现象

喷出大量云雾状的细菌溢流

图2-22　槟榔细菌性条斑病田间症状（李增平　摄）

【病原】　为原核生物界、普罗斯特细菌门、黄单胞杆菌属的野油菜黄单胞菌槟榔致病变种 [*Xanthomonas campestris* pv. *arecae*（Rao & Mohan）Dye]。菌体短杆状，两端钝圆，革兰氏染色阴性反应；鞭毛单根极生。在YDC培养基上菌落圆形，表面光滑，隆起，有光泽，淡黄色，边缘完整，黏稠，略透明。

【发病规律】　细菌在带病种苗、田间病株及其残体上越冬，通过调运带病种苗进行远距离传播。

翌年春雨开始，尤其在台风雨期间，从病斑上溢出的菌脓，借风雨、流水和露水在田间传播到槟榔叶片上，从叶片上的伤口和自然孔口侵入引起发病；昆虫、污染的农具及田间农事操作也能传病。发病后溢出的菌脓不断传播进行多次再侵染。月平均温度18～26℃最适宜发病，2～6龄的幼树发病严重；台风雨期间，结果树发病严重，病害易发生流行。

【防治方法】

1. **选种无病健壮种苗**。新植槟榔园要严格从无病区调运健康无病种苗。

2. **加强槟榔园管理**。平进高畦栽培，坡地修环山行种植。及时清除槟榔园内的高草灌木，消灭荒芜，排除积水，降低园内湿度。雨季来临前及时清除田间病残组织和剪除病叶，进行集中销毁。合理施肥，增施有机肥，增强槟榔抗病力。

3. **药剂防治**。发病初期特别是每年台风雨及暴风雨来临前后各喷一次药，可选用1%等量式波尔多液、氢氧化铜、王铜（氧氯化铜）、25%寡糖·乙蒜素悬浮剂（细治）等。

槟榔病毒病

【分布及危害】　此病是近年来在槟榔上新发现的一类对槟榔产量影响较大的病毒病害，由多种病毒引起，但危害最为严重的是槟榔坏死环斑病毒和槟榔坏死梭斑病毒。2018年由崔红光首次报道槟榔坏死环斑病毒和坏死梭斑病毒引起海南槟榔病毒病。此病在海南大部分地区种植的槟榔上均有发生，多数槟榔园的平均发病率为19%，重病园的发病率达60%～100%。发病槟榔叶片呈现黄斑和褐色坏死斑，苗期发病不结果，成株发病结果逐年减少，轻病株结果量下降2/3以上，重病株花序败育，不结果，严重影响槟榔的产量。

【症状】　槟榔坏死环斑病毒和槟榔坏死梭斑病毒均可危害槟榔幼苗和成株结果树（图2-23）。

幼苗发病：嫩叶上呈现失绿发黄的梭形黄斑、黄线斑或黄圈斑，后期变深褐色坏死，病斑周围具明显黄色晕圈；病株生势衰弱，生长缓慢，重病株经多年生长后节间缩短，叶片短小，病株矮小，不结果。

褪绿黄斑	黄色线纹	黄色梭斑	黄色圈斑
褐色坏死圈斑	褐色坏死线纹	褐色坏死梭斑	褐色坏死环斑

黑色坏死环斑　　　　　　　　　　　　　　　　褐色坏死环斑

花苞苞叶褐色病斑　　　　花芽褐色坏死　　　　幼苗叶片上的褐色线纹　　多年生病株节间缩短

发病小苗　　　　　　　　　　发病幼树　　　　　　　　　　发病结果树

病株花穗变褐干枯　　　　　　　　病株结果减少　　　　　　　　无病株果实累累

发病严重的槟榔远观叶片发黄　　　　　　　　病叶上的双钩巢粉虱和黑刺粉虱

图2-23　槟榔病毒病田间症状（李增平 摄）

成株发病：顶端嫩叶小叶上呈现圆形黄斑、黄圈斑、黄条纹和黄条斑，下层老叶呈现深褐色波浪形坏死条纹，圆形、椭圆形褐色和深褐色坏死斑及环斑，病斑周围具明显黄色晕圈，重病叶远观变黄，后期干枯坏死。冬春季长出的花苞苞叶上呈现不规则形水渍状褐色坏死斑，花芽呈水渍状变褐坏死，夏天抽出的花穗易干枯，结果少或不结果。

【病原】　为马铃薯Y病毒科、槟榔病毒属的槟榔坏死环斑病毒和槟榔坏死梭斑病毒。病毒粒子弯曲线状，+ssRNA病毒。槟榔坏死环斑病毒和槟榔坏死梭斑病毒的全基因组都包含有一个大的开放阅读框（9 060nt），编码一个含有3 019个氨基酸的多聚蛋白。可能的田间传毒介体为双钩巢粉虱和黑刺粉虱等刺吸式口器害虫。

【发病规律】　槟榔坏死环斑病毒和槟榔坏死梭斑病毒引起的槟榔病毒病在海南海口、琼海、定安、屯昌、琼中、万宁、陵水、三亚、文昌、白沙、昌江、五指山、保亭、乐东等地均有发生，仅在临高、澄迈、儋州、东方等地尚未见有发生。平地或山地槟榔园均有发病，此病毒病的发生与双钩巢粉虱、黑刺粉虱的分布关系密切，有双钩巢粉虱及黑刺粉虱危害的槟榔园发病率较高。冬春季气温冷凉时，病株嫩叶显症明显，夏季高温干旱病株嫩叶不显症。种子可带毒传播。除槟榔外，花叶艳山姜、蝎尾蕉等可能是该病毒的新寄主。

【防治方法】

1.**选种健康无病毒的槟榔苗**。不从发病的槟榔园及病株上采种果育苗。

2.**及时发现并销毁病株**。新建槟榔园定期查园，发现病株及时砍除并销毁。对发病园内已多年不结果的病株也要砍除销毁。

3.**加强栽培管理**。平地槟榔园进行高畦栽培，坡地槟榔园修环山行种植，增施有机肥和磷、钾肥，旱季及时灌水，提高槟榔植株抗病力。

4.**药剂防治**。槟榔园定期喷杀虫剂防治双钩巢粉虱、黑刺粉虱等刺吸式口器害虫。病区还能结果的轻病株，可选喷芸苔素、海岛素等药剂增强其抗病力，增加结果量。

槟榔线疫病

【分布及危害】　此病在槟榔园内零星发生。在海南儋州、保亭、琼海等地有发现。主要危害槟榔茎基和根系，造成槟榔植株生势衰弱。

【症状】　发病槟榔的茎基及须根表面长有白色菌丝和菌索（图2-24）。

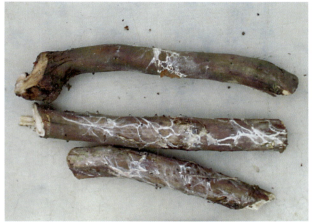

病株茎基的白色菌丝和菌索　　　　　　　　　　病根表面的白色菌索

图2-24　槟榔线疫病田间症状（李增平 摄）

【病原】　为担子菌门、层菌纲、非褶菌目、伏革菌属的鲑色伏革菌（*Corticium salmonicolor* a Berk et Br.）。

【发病规律】　病菌以菌丝或菌索在病组织上越冬，翌年条件适宜时产生分生孢子，借风雨传播到槟榔茎基或根系伤口处侵入引起发病。多雨、潮湿天气易发病；槟榔园失管荒芜，田间易积水，湿度大易发病；槟榔茎基受机械伤、虫伤、日灼伤多易发病。

【防治方法】　加强田间栽培管理，平地高畦栽培，定期清除田间杂草，雨季清沟排水。增施有机肥，增强植株抗病力。发病株可用波尔多浆或树木涂白剂涂封治疗。

槟榔煤烟病

【分布及危害】 此病是槟榔上常见的一种真菌病害。主要危害槟榔叶片，也危害叶鞘和花穗，常与介壳虫、黑刺粉虱等刺吸式口器害虫相伴出现，影响其光合作用或吸收其营养，降低槟榔的生势。

【症状】 发病槟榔的叶片或果实表面呈现一层黑色煤烟状物，同时在病叶上可见正在取食的介壳虫、黑刺粉虱、蚜虫等刺吸式口器害虫；槟榔顶孢霉（*Acroconidiella arecae*）引起的煤烟病发病叶片上呈现密集的小黑点状煤烟状物（图2-25）。

叶片上的黑色煤烟状物和黑刺粉虱

花穗上的黑色煤烟状物和黑刺粉虱

成叶上的点状黑色煤烟状物

老叶上的密集点状黑色煤烟状物

图2-25 槟榔煤烟病田间症状（李增平 摄）

【病原】 槟榔煤烟病可由多种真菌引起。常见种为子囊菌门、腔菌纲、座囊菌目、煤炱属的煤炱菌（*Capnodium* sp.），以及半知菌类、丝孢纲、丝孢目的芽枝霉（*Cladosporium* sp.）和链格孢（*Alternaria* sp.），以及槟榔顶孢霉等。有时同一种煤烟病可由两种真菌引起。

【发病规律】 槟榔煤烟病菌多以危害槟榔的介壳虫、黑刺粉虱、蚜虫等刺吸式口器害虫分泌的蜜露为营养而生存，因此天气干旱，刺吸式口器害虫发生多，煤烟病发病严重；失管荒芜、通风透光不良的槟榔园发病较多。

【防治方法】 加强栽培管理，及时清除槟榔园内的高草灌木，增施有机肥，提高槟榔植株的抗病力。发现刺吸式口器害虫发生较多时，选择适宜的杀虫剂及时喷雾防治。

槟榔藻斑病

【分布及危害】 此病是槟榔上常见的次要病害。主要危害槟榔的茎干、叶鞘，也可危害叶片，严重发生时可引起槟榔长势衰弱。

【症状】 叶鞘、茎干、叶片发病，呈现圆形病斑，其上长满黄褐色绒毛状物（为头孢藻的孢囊梗和孢子囊），老病斑中央后期变灰褐色或灰白色；叶片上的藻斑较小，多而分散，具明显黄色晕圈，类似真菌性叶斑病的初期症状，但病斑上可见明显的黄褐色绒毛状物，发病严重的叶片失绿发黄（图2-26）。

【病原】 为绿藻门、橘色藻科、头孢藻属的寄生藻（*Cephaleuros virescens* Kunze）。孢囊梗粗壮，黄褐色，具分隔，顶端膨大成球形或半球形，其上着生指状弯曲的孢囊小梗，小梗顶端着生黄褐色的球形孢子囊，高湿条件下孢子囊形成肾形游动孢子。

【发病规律】 头孢藻以营养体在槟榔茎干和叶鞘等部位的病组织中越冬。翌年在炎热潮湿的环境条件下产生孢子囊和游动孢子，借风雨传播到槟榔的新生叶片、叶鞘和绿色茎干上，从气孔侵入引起发病，在病斑表面产生黄褐色的绒毛孢囊梗和孢子囊，释放出游动孢子传播后进行再侵染。温暖、潮湿、荫蔽的环境条件，有利于藻斑病的发生和蔓延。种植密度大、荫蔽潮湿、通风透光不良、土壤贫瘠、缺肥、失管荒芜、杂草丛生的槟榔园易发生藻斑病。

【防治方法】 加强槟榔园管理，定期砍除园内的高草灌木，保持槟榔园内通风透光，雨季疏通园内排水沟，降低园内湿度。合理施肥，多施有机肥和磷、钾肥，增强植株的抗病性。

重病叶失绿发黄

叶片上具黄晕圈的小藻斑

叶柄上长黄褐色绒毛状物的藻斑

叶柄上的老藻斑

叶鞘上的新生藻斑

图2-26 槟榔藻斑病田间症状（李增平 摄）

槟榔除草剂药害

【分布及危害】　此病是海南槟榔园中常见的重要非侵染性病害之一。主要危害槟榔的根系和茎干，造成根系和茎干组织坏死，轻病株下层绿色老叶下折倒挂，叶片黄化，重病株整株枯死，严重影响槟榔的生长及产量。

【症状】　喷雾除草剂约一周后开始显症，初期槟榔基部茎干及暴露于地面的须根系变褐坏死，叶鞘及叶片喷到药液后呈现大小不一的圆形褐色或黑色病斑，发病槟榔下层绿色老叶从叶柄基部下折倒挂，继而失绿发黄，或不下折直接发黄，重病株整株叶片发黄后枯死（图2-27）。

【病原】　喷雾草甘膦类灭生性除草剂不当伤根及茎干所致。

【发病规律】　此病多发生于使用草甘膦类除草剂灭草施药不当的结果槟榔园，农户在喷雾除草剂时，未在喷头上安装防护罩并避开槟榔树头喷药，大量除草剂药液喷到槟榔暴露于地面的根系及茎

草甘膦药害初期绿色老叶下折倒挂　　　　中期下折倒挂老叶变黄　　　　　后期叶片全部枯死

发生草甘膦药害的幼龄槟榔　　　　　　发生草甘膦药害的槟榔根系变褐坏死

除草剂喷到槟榔叶片上呈现褐色病斑

除草剂药液喷到槟榔叶鞘上呈现褐色病斑

幼龄槟榔受草胺膦药害

多年结果槟榔受草胺膦药害

草甘膦胺盐药害的槟榔根茎变褐坏死

茎干坏死

初期老叶下折倒挂

图2-27 槟榔除草剂药害田间症状（李增平 摄）

干上引发药害；有的农户使用草甘膦胺盐可溶性粒剂时混药不均匀，较多药液喷到槟榔茎干或茎基上易造成槟榔整株枯死。

【防治方法】

1.**安全喷雾除草剂**。在已经有根系暴露于地面的成龄槟榔园喷除草剂时，在喷头上应安装防护罩，压低喷头喷雾，并尽量避开距槟榔树头50cm的范围，同时避免将药液喷到槟榔茎干上。

2.**采用机械或人工除草**。成龄槟榔园除草时，建议定期使用打草机打草或人工除草。

3.**养鸡控草**。有条件的地区，直接在槟榔树下养鸡啄食杂草。

槟榔肥害

【分布及危害】 此病是海南槟榔园近年来发生的常见非侵染性病害之一。主要是农户在槟榔种植过程中，施用未腐熟的有机肥或集中过量施用化肥造成烧根，导致槟榔下层叶片黄化枯死，严重影响槟榔的生长及产量。

【症状】 最初的症状是与施肥位置相对一侧的植株下层叶片从叶尖、叶缘开始失绿变黄，继而全叶变金黄色，后期叶片变褐枯死。挖开施肥穴，可见施肥穴部位的槟榔根系从小根开始变褐，失水干缩枯死，受害严重的根系从小根到大根全部变褐干枯，植株长势逐渐衰弱，生长受阻（图2-28）。

小苗过量过近集中施用化肥

结果树过量过近集中施用化肥

化肥肥害烧根，老叶黄化

化肥肥害烧根，老叶变金黄色

硫酸钾施用过量导致靠近茎基部分烧根

地上部分同一侧老叶变金黄色

施用未腐熟牛粪烧根

未腐熟有机肥烧根，老叶变金黄色

图2-28　槟榔田间不科学施肥及肥害症状（李增平 摄）

　　诊断要点：肥害、缺素、水害、旱害、除草剂药害，以及植原体、病毒、茎基腐病、细菌性条斑等在发病初期都可引起槟榔叶片黄化。肥害引起的槟榔叶片黄化主要是施肥一侧的槟榔下层叶片先发黄，个别肥害严重的会造成部分叶片枯死，但肥害过后发病槟榔可恢复正常生长。缺素引起的黄化表现为整块地的槟榔叶片都黄化，不会传染，补施肥料后会恢复正常。水害引起的黄化是下层叶片变黄，多发生在雨季，只在地势低洼、积水时间过长的槟榔园内发生，旱季槟榔则恢复正常生长。旱害引起的槟榔叶片黄化多在旱季发生于缺水的山坡地槟榔园，雨季槟榔则恢复正常生长。除草剂药害主要与在槟榔园长期施用草甘膦类除草剂有关，表现为槟榔茎基及暴露于地面的根系变褐坏死并腐烂，病株下层叶片黄化并枯死。植原体、病毒、茎基腐病、细菌性条斑等引起的侵染性病害有发病中心，病害轻重程度不一，可依据各自的特征症状进行诊断。

　　【病原】　集中过量施用化肥或施用未腐熟的有机肥造成肥害烧根所致。集中过量施用硫酸钾、复合肥等化学肥料或未腐熟的猪、牛、羊粪肥等有机肥均可导致槟榔烧根，引起肥害，导致槟榔叶片黄化，长期积水的槟榔园整株枯死。

　　【发病规律】　此病多发生于新植幼龄槟榔园或多石山坡槟榔园。新植幼龄槟榔园过于靠近槟榔树头挖穴，接触根系过量施用化肥，或施用未腐熟的有机肥，或直接把未腐熟的有机肥集中堆施在槟榔树头上，未腐熟的有机肥在发酵过程产生高温或高浓度的化肥烧死槟榔根系，从而发生肥害。多石山坡槟榔园尤其是采用炸药爆破植穴定植的槟榔，由于植穴四周及底部均为大石块，如果施用化肥量大且集中，并过于靠近槟榔根系，最易发生肥害。

　　【防治方法】　有机肥需堆沤腐熟后再施用，新植幼龄槟榔园施用有机肥和化肥时，要在树冠外围地面挖半圆形穴分散施肥并覆土。多石山坡槟榔园施用化肥时，最好兑水稀释后作为水溶肥淋施较为安全。

槟榔水害沤根

【分布及危害】 此病是海南稻田种植槟榔及低洼地种植槟榔易发生的一种非侵染性病害。主要危害槟榔根系，造成小根坏死，吸收养分能力下降，导致老叶失绿黄化，严重影响槟榔的生长和产量。

【症状】 雨季槟榔根系在下雨后长时间浸泡在积水中，小根变褐坏死，地上部下层老叶失绿发黄，生长不良。长期受积水浸泡的槟榔根系从小根到大根大部分变褐枯死，植株长势逐渐衰弱，最终整株死亡（图2-29）。

【病原】 槟榔根系长时间泡在积水中造成沤根。

【发病规律】 海南进入雨季后，在田洋稻田或低洼地未开沟进行高畦种植的槟榔，易发生水害沤根现象。

【防治方法】 不要在雨季低洼易积水、排水不良的地方种植槟榔，平地进行高畦栽培。

田洋稻田发生槟榔水害沤根导致叶片发黄

小根变褐坏死

低洼积水地槟榔园叶片严重黄化

长期积水导致槟榔枯死

低洼山谷地槟榔水害沤根导致叶片黄化

平地积水槟榔园雨季叶片黄化

图2-29 槟榔水害沤根田间症状（李增平 摄）

槟榔缺素黄叶病

【分布及危害】　此病是由于缺乏某些营养元素而引起的一种生理性病害。在海南山坡地槟榔园多有发生，结果槟榔园长期不施有机肥或只单施化肥，易发生缺素黄叶病，严重影响槟榔的生长和产量。

【症状】　病害主要发生在1～3龄的幼树和结果多年的老槟榔树上。发病的槟榔园植株同时出现下层老叶发黄，继而下层黄化叶片、叶尖变灰褐色坏死，最终全叶枯死脱落；病株花序变小，雌花少而多败育，提早枯萎，偶尔结果也易脱落（图2-30）。

【病原】　缺钾、氮肥等是此病发生的主要原因。

【发病规律】　缺素黄叶病的发生与槟榔的树龄、结果量、立地环境、施肥情况等有密切关系。通常是在瘦瘠山坡地刚定植1～3龄的槟榔幼树发生缺素黄化较多，主要是土壤营养缺乏，特别是有效钾含量偏低，加上幼龄树根系尚不发达、吸收养分能力差所致；结果树由于长期不施有机肥或只单施化肥，土壤中的一些大量或微量元素被消耗严重造成缺素，且树龄越大黄化越严重。一些山坡地槟榔园土层薄、偏酸、砂石多、雨水冲刷严重发病也较严重。

【防治方法】

1.加强管理。坡地槟榔园要修建等高梯田或环山行，防止水土流失。幼龄槟榔要施足基肥，结果槟榔要多施腐熟的有机肥，配合施用尿素、硫酸钾、过磷酸钙、硫酸镁及复合肥。土层薄、多石、漏水漏肥的山坡地进行扩穴改土，或多施有机肥，配合施用抗旱保水剂等措施进行保水保肥。

2.调节土壤酸碱度。对酸性过强的土壤，适当施入一些石灰，中和土壤酸度。

多石沙地的山坡地易发生缺素

结果多年的槟榔缺素导致叶片黄化

多石沙地槟榔叶片黄化

缺素黄化的槟榔幼树

图2-30　槟榔缺素黄化病田间症状（李增平　摄）

槟榔日灼病

【**分布及危害**】 此病是由于槟榔茎干或叶片长时间受高温和强光照射而引起的一种生理性病害。在海南种植于东面和西面无遮挡的槟榔植株易发病，对槟榔植株的生长和产量影响较大。

【**症状**】 槟榔园内东面和西面已结果槟榔树的茎干或叶片易发生日灼病。发病的槟榔植株基部茎干上呈现褐色坏死斑，同一侧的下层老叶发黄，植株生长不良（图2-31）。

【**病原**】 夏季高温强光长时间照射槟榔的东面和西面茎干灼伤其组织所致。

【**发病规律**】 日灼病的发生与槟榔的树龄、立地环境和天气状况有密切关系。通常种植在东面和西面附近无树木或建筑物遮挡的槟榔，在夏季高温天气条件下易发生日灼病；受椰心叶甲危害或受肥害的槟榔叶片也易发生日灼病。

【**防治方法**】 加强管理，槟榔露干1.5m以上后，可对东面和西面附近无遮挡的槟榔每年定期在夏季高温天气来临前用涂白剂涂白基部1.3m以下的茎干防日灼，可竖立遮阳网防日灼。已发生日灼的槟榔茎干及时进行涂白保护。定期喷杀虫剂防治椰心叶甲。

西面无遮挡的槟榔基部茎干受日灼坏死　　　　　　茎基日灼病斑内部的组织变褐

受日灼一侧的老叶发黄　　　　高处茎干受日灼变褐　　　　受日灼的绿色茎干

图2-31　槟榔日灼病田间症状（李增平　摄）

槟榔寒害

【分布及危害】　此病是海南冬季槟榔易发生的重要非侵染性病害之一。在海南文昌、琼海、定安、屯昌、琼中、儋州、白沙等地均有发生，主要危害槟榔叶片，造成叶片变色枯死，严重影响槟榔的生长和产量。

【症状】　槟榔树冠顶端较嫩叶片从叶尖开始变褐色和灰白色枯死（图2-32）。

【病原】　冬季长时间出现4℃以下的低温所致。

【发病规律】　寒害的发生与槟榔的立地环境和天气状况有密切关系。通常在海南冬季出现较强的寒潮天气后，在冷空气易沉积的西北部地区种植的槟榔易发生寒害。

【防治方法】　加强管理，进入冬季前增施有机肥和磷、钾肥，增强植株抗寒力。在强冷空气来临前，对槟榔园进行烧烟保温，选择腐殖酸叶面肥或海岛素进行叶面喷雾。

幼龄槟榔寒害

顶端叶片、叶尖变褐和变灰白色枯死

寒害较轻的幼树

寒害较重的幼树

寒害严重的幼树

寒害较轻的叶片呈现褐色小斑

寒害较重的叶片变黄白色枯死

寒害严重的叶片大面积变褐枯死

易发生寒害的凹地槟榔园

结果槟榔发生寒害

顶端叶片、叶尖变褐枯死

叶尖大面积变褐枯死

寒害严重的结果槟榔

图2-32　槟榔寒害田间症状（李增平　摄）

二、椰子病害

椰子芽腐病

【分布及危害】　此病于1907年在印度的马德拉斯邦首次报道，目前是椰子上常见的主要病害之一。在海南文昌、海口、琼海、万宁、儋州、五指山等地均有发现。主要危害椰子嫩叶和嫩芽，造成组织湿腐，整株死亡，对椰子的产量影响较大。

【症状】　病株树冠中央未展开的嫩叶变灰绿色或灰褐色下垂，继而从基部倾折倒挂，变褐坏死，嫩芽组织变灰白色湿腐，发出恶臭，周围未被侵染的叶子仍保持绿色达数月之久，最后树冠叶片全部枯死脱落，变成光干。在发病前期，拔出发病的嫩叶，可见其基部湿腐的病组织长出白色霉状物（图2-33）。

田间发病初期的椰子未展开的嫩叶变灰绿色下垂

嫩芽湿腐后易拔出

拔出的灰白色湿腐嫩芽具恶臭

发病中期下层老叶可保持绿色达数月之久

发病后期整株叶片变黄后枯死

图2-33　椰子芽腐病田间症状（李增平 摄）

【病原】　为藻物界、卵菌门、卵菌纲、霜霉目、疫霉属的棕榈疫霉（*Phytophthora palmivora* Butler）。孢子囊椭圆形和梨形，有明显的乳头状突起，大小（41～60）μm×（27～35）μm。厚垣孢子圆形，大小34μm×28μm。病菌除危害椰子外，还可侵染橡胶树、胡椒、槟榔、可可等多种热带作物。

【发病规律】　病菌在田间病株或其他发病的寄主植物病组织上越冬，翌年条件适宜时产生孢子囊和游动孢子，通过风雨和昆虫传播到椰子心叶叶基伤口处侵入引起发病，形成中心病株后，产生游动孢子通过风雨传播再侵染临近椰子扩大病区。温度20～25℃的雨天，或相对湿度90%以上的高湿天气病害发生严重，特别是台风雨季节，椰子嫩叶基部易受伤，病害发生严重。一般情况下5～10龄椰子易发病，高干椰子比矮干椰子抗病。栽培管理差、荒芜、缺钾椰园发病多。

【防治方法】

1. 加强椰园的栽培管理。易发病地区应选种高干品种。多施有机肥或农家肥，配合施用钾肥或磷肥，雨季清沟排除椰园内积水，使椰子生长壮旺，提高植株抗病力。

2. 及时清除病残组织。雨季定期巡园，发现病株及时砍除上部发病的茎干和叶片，进行深埋和销毁。

3. 药剂防治。每年雨季发病初期清除中心病株后，选用氧化亚铜、1%等量式波尔多液、58%瑞毒霉锰锌可湿性粉剂600倍液、40%乙磷铝可湿性粉剂350倍液等喷雾防治。

椰子灰斑病

【分布及危害】 此病是椰子上常见的叶斑病之一，分布很广。主要危害椰子叶片，也可危害叶柄，引起叶片坏色、干枯，低龄椰子发病严重时整株枯死，对小苗和幼龄椰子的生长影响较大。

【症状】 小苗和幼龄椰子叶片易发病，初期在叶片上呈现椭圆形褐色或黑色小病斑，病斑边缘具明显油渍状橙黄色晕圈，后期病斑中央变灰白色，其上产生黑色小点状的分生孢子盘，病斑边缘褐色或黑色，多个病斑扩展汇合后造成叶片大面积干枯、破裂，严重时整株小苗枯死。叶柄发病，呈现椭圆形黑色病斑，中央略凹陷，无黄晕圈，后期病斑中央变灰白色（图2-34）。

叶片上呈现的椭圆形褐色或黑色病斑，病斑边缘具明显油渍状橙黄色晕圈

边缘褐色或黑色，中央变灰白色的椭圆形病斑

多个病斑汇合后叶片大面积坏死　　　　病斑上产生黑点状的分生孢子盘　　　　叶柄上的黑色椭圆形病斑

图2-34　椰子灰斑病田间症状（李增平　摄）

【病原】　为半知菌类、腔孢纲、黑盘孢目、拟盘多毛孢属的掌状拟盘多毛孢 [*Pestalotiopsis palmarum* (Cooke) Stey.= *Pestalotia palmarum* Cooke]。其有性态为子囊菌棕榈亚隔孢壳菌（*Didymella cocoina*）。病菌分生孢子梗无色，有分隔。分生孢子梭形或纺锤形，具4个分隔，5个细胞，中间3个细胞褐色，两端细胞无色，顶细胞长有2～4根无色刺毛，基细胞具小柄，大小（25～35）μm×（7～10）μm（图2-35）。

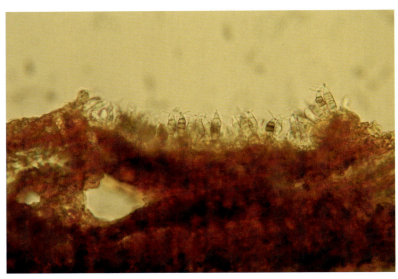
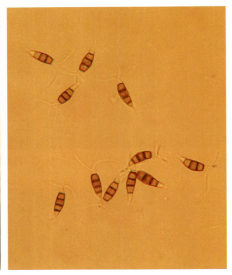

分生孢子盘　　　　　　　　　　　　　　　分生孢子

图2-35　掌状拟盘多毛孢形态（李增平　摄）

【发病规律】　病菌以菌丝体和分生孢子盘在病组织上越冬，翌年条件适宜时产生分生孢子，借气流传播到椰子嫩叶上侵入引起发病。此病在海南全年皆可发生、高温多雨季节发病重。病菌除危害椰子外，还危害油棕、大王棕、鱼尾葵等多种棕榈科植物引起灰斑病。

【防治方法】

1.加强椰园管理。小苗和幼龄椰子要进行合理施肥和灌水，幼龄椰子定植时要施有机肥，生长期定期喷施叶面肥，改善椰园排水条件，增强树势，提高植株抗病力。定期清除重病叶片并销毁。

2.药剂防治。发病初期可选用1%等量式波尔多液，或25%可湿性多菌灵粉剂200倍液，或75%可湿性百菌清粉剂400倍液等喷雾防治。

椰子致死黄化病

【分布及危害】　此病于1872年在牙买加最早被发现，是我国进境检疫植物危险性病害之一。牙买加、加纳、古巴、海地、美国、多米尼加、巴哈马群岛、非洲、印度等国家和地区均有此病发生。病菌在椰子韧皮部组织内繁殖，引起椰子叶片黄化干枯，花穗坏死，幼果脱落，重病株整株枯死。加纳在此病发生后的30年内，因病死亡的椰子树达100多万株。1971—1981年的10年间美国因此病死亡的椰子树达40万株。

【症状】　发病椰子从下层老叶开始失绿变黄，继而上部叶片逐渐变黄，先变黄的老叶变褐干枯，从叶柄基部下折倒挂，最后全株黄化，田间具明显的发病中心；病株初期表现为未成熟果实提早脱落，花序从顶部开始变黑坏死，须根由红色变成黑褐色；后期顶芽坏死，全部叶片脱落只剩下光秃秃的树干（图2-36）。病株从症状出现到整株死亡需3～6个月，被称为"快死型"病害。

老叶失绿黄化，具发病中心　　　　　　　　　　叶片干枯

图2-36　椰子致死黄化病田间症状［引自Chris Berlin（1997）］

【病原】　为原核生物界、厚壁菌门、植原体属的椰子致死黄化植原体（*Phytoplasma* sp.=MLO）。主要在椰子新近成熟的韧皮部筛管及周围细胞内寄生。菌体形态多变，呈丝状、念珠状、圆筒状、球状和近球状等，大小0.4～2.0μm。病菌可侵染椰子、油棕、山棕、枣椰等30多种棕榈科植物。麦蜡蝉（*Myndus crudus* Van Duze）等为此病的传播媒介。

【发病规律】　病菌在田间病株的筛管组织内存活越冬，条件适宜时通过麦蜡蝉取食后向临近植株传播。多种棕榈科植物的种苗和椰果可带菌做远距离传播。在高温高湿的环境下病害发生较严重，高温多雨的季节较易发生流行，管理粗放、树势较弱的椰子园发病较严重。

【防治方法】

1.**严格检疫**。严格执行进境植物检疫措施，防止此病传入我国。

2.**选种抗病品种**。疫区重病椰园换种抗病的椰子品种。牙买加椰子工业委员会早期研究表明马来红矮、斐济矮种、'Maypan'杂交种等对椰子致死黄化病具有抗性。

3.**加强椰园管理**。疫区椰园合理施肥灌水，雨季清沟排水，提高植株抗病力，及时挖除病株并销毁。

4.**药剂防治**。疫区定期喷杀虫剂防治麦蜡蝉等传病害虫。美国曾在轻病株的树干基部3个月注射一次500ppm盐酸四环素，其发病症状会减退和消失，但药效过后症状又再次出现，且多次注射后，椰子茎干易被强风吹折而报废。

椰子泻血病

【分布及危害】 椰子泻血病又称流胶病，为椰子上常见的主要病害之一。1906年奥勒（Ohler）首次报道此病在斯里兰卡发生。主要危害椰子茎干，导致茎部组织腐烂，严重时造成树冠凋萎，整株死亡。

【症状】 病株茎干呈现黑色的纵向裂缝，裂缝处渗出红褐色或铁锈色液体，渗出的液体干燥后变为黑色。发病茎干病斑内部组织变黄褐色或黑色腐烂。发病严重时树冠叶片失绿发黄，树冠缩小，病叶自下而上相继枯死（图2-37）。

【病原】 病菌有性阶段为子囊菌门、核菌纲、球壳目、长喙壳属的奇异长喙壳 [*Ceratocystis paradoxa*（Dade）Mor.]，其无性阶段为半知菌类、丝孢纲、丝孢目、根串珠霉属的奇异根串珠霉 [*Thielaviopsis paradoxa*（de Seyn）Hohn.]。病菌子囊壳基部膨大成球形，具长颈，顶端常裂成须状，大小（1 000 ~ 1 500）μm×（20 ~ 350）μm。子囊孢子无色，椭圆形，大小（7 ~ 10）μm×（2.5 ~ 4.0）μm。无性态有两种分生孢子，大分生孢子呈黑褐色，椭圆形、球形或卵圆形；小分生孢子长方形，无色，0 ~ 3个隔膜（图2-38）。

病株基部茎干渗出红褐色液体

液体干燥后变黑色　　　　　　　　　　　病斑内部组织变黄褐色或黑色腐烂

病株老叶发黄

树冠缩小黄化

重病株叶片干枯

田间发病中心

重病株茎干渗出大量红褐色液体

图2-37　椰子泻血病田间症状（李增平　摄）

具长颈的子囊壳

子囊壳孔口须状开裂

图2-38　奇异长喙壳形态（李增平　摄）

143

【发病规律】 病菌以菌丝体或厚垣孢子在病组织中或随病残组织进入土壤中越冬，翌年产生子囊孢子，通过风雨传播到椰子受伤的茎干上，从伤口处侵入引起发病。冷凉、阴雨潮湿天气适宜此病发生；椰园土质黏重，氮供应不足，排水不良易发生此病。

【防治方法】

1.加强病株的抚育管理。对轻病株多施有机肥，增加施氮肥，少施磷肥，加速病株恢复生长。严防人畜损伤椰子茎干。

2.铲除病株。重病株将其茎干发病处的病组织彻底挖除并烧毁。

3.药剂防治。发病初期，在病株基部茎干上涂10%波尔多浆保护，或喷10%苯醚甲环唑水分散粒剂3 000倍液，或喷27.13%碱式硫酸铜悬浮剂600倍液等。入冬前椰子基部茎干涂白保护。

椰子红环腐病

【分布及危害】 1905年英国皇家植物园总工程师 J. H. Hart 在加勒比地区的塞德罗斯半岛首次发现椰子红环腐病,此病是我国进境检疫植物危险性病害之一。美洲的乌拉圭、巴西、委内瑞拉、哥伦比亚、圭亚那、巴拿马、洪都拉斯、墨西哥等20多个国家都有此病发生。主要危害椰子的茎干,造成椰子叶片黄化,椰果减产30%～80%,重病株根系腐烂,整株死亡。

【症状】 发病椰子的下层老叶首先变黄,初期先从小叶叶尖开始变黄并向中肋扩展,随后小叶和叶柄变黄,继而变褐干枯。横截病株基部茎干,可见茎干表皮下2～3cm处呈现一条宽3～4cm的橙红色或红色环腐带(图2-39)。

田间诊断:田间早期诊断是检查叶片黄化的可疑病株茎干上是否有虫孔,在虫孔附近钻孔取椰子节间组织分离线虫,依据是否存在有口针的寄生线虫进行确诊;叶片已经枯黄的可疑病株直接在离树头50cm左右的茎干上钻孔取组织分离线虫确诊,重病株则砍断树干检查有无特征性红色环腐带进行确诊。

【病原】 为线虫门、侧尾腺口纲、滑刃目、细杆滑刃线虫属的椰子细杆滑刃线虫 [Rhadinaphelenchus cocophilus (Cobb) Goodey]。雌、雄成虫线形,细长,雌虫阴门约在66%体长处,雄虫尾部末端尖细,端生交合伞向前延伸到尾长的40%～50%处。9～10天繁殖一代。寄主为椰子、油棕、王棕、枣椰、刺葵等多种棕榈科植物。

【发病规律】 病原线虫在椰子病死组织内可存活1年,主要以3龄幼虫为主。棕榈象甲 (Rhynchophorus palmarum Linnaeus) 是该线虫的中间寄主和田间传播介体,椰子红环腐线虫可从病株中取食的棕榈象甲幼虫口器或气门等部位进入其体内,当象甲幼虫化蛹后羽化时,大量线虫转移到象甲成虫的生殖器中,可通过象甲成虫间的交配在象甲群体中横向传播。当雌象甲在椰子顶端茎干刺孔产卵或取食时,数以百计的红环腐线虫幼虫通过伤口进入椰树内定殖危害。3～10年生椰子最易感病。

【防治方法】

1.**严格检疫**。严格禁止从疫区进口椰子或棕榈科植物的种苗和种果。

2.**彻底清除病残组织**。在疫区,定期检查椰园,及时发现病株并挖除销毁。同时利用象甲性诱剂等诱杀传病象甲。如采用大块病腐椰树块作为诱饵,因其发酵时挥发出香醇气味可吸引象甲成虫,把农药喷洒于诱饵上,当象甲成虫飞来取食时,可将它毒杀死。

3.**药剂防治**。在疫区,利用性诱剂或喷洒0.1%灭多虫的大块椰树茎干作诱饵,定期诱杀传播线虫的棕榈象甲。用溴苦混剂熏蒸病株茎干组织,可杀死其内生活的棕榈象甲和红环腐线虫。

老叶黄化干枯　　　　　　　枯叶下折倒挂　　　　　　病株茎干内部的红色环腐带

图2-39 椰子红环腐病田间症状(引自 A.S.Brammer 和 W.T.Crow)

椰子狭长孢灵芝茎基腐病

【分布及危害】 此病是海南老龄椰子上的一种重要病害。在海南文昌、海口、琼海、万宁等地有发现。主要危害椰子的茎干，造成椰子叶片发黄干枯，重病株整株枯死。

【症状】 发病椰子初期表现为下层老叶失绿，从叶柄基部下折倒挂，变黄后干枯，后期整株叶片发黄，树冠缩小，生长不良，全株叶片干枯脱落后枯死，多雨潮湿季节在病株中下部茎干上长出红褐色檐状或蹄状担子果（图2-40）。

下层老叶失绿发黄

整株叶片发黄

整株叶片干枯

整株枯死

茎干上生长一年的担子果

茎干上生长多年的担子果

茎干上生长多年的蹄形担子果　　　　　　　茎干上长有层叠生长多年的檐状担子果

图2-40　椰子狭长孢灵芝茎基腐病的田间症状（李增平　摄）

【病原】　为担子菌门、层菌纲、非褶菌目、灵芝属的狭长孢灵芝（*Ganoderma boninense* Pat.）。担子果一年生或多年生，无柄或具短柄，一年生担子果呈贝壳状或扁平扇形，多年生担子果向下层叠生长，较厚，呈马蹄状或草帽状。担子果上表面呈漆亮红褐色或黑褐色，近边缘处橘黄色、边缘黄白色，具有放射状的脊突和同心轮纹；下表面呈黄白色或灰褐色。担子果大小（5.2 ～ 10.1）cm×（7.5 ～ 28.9）cm，边缘厚1.2 ～ 6.6cm，基部厚2.2 ～ 7.4cm。担孢子为狭长的南瓜子形，新鲜时尖端有透明喙，老熟的斜截无喙，外壁无色透明，内壁为淡黄色，大小（10.51 ～ 14.22）μm×（4.89 ～ 6.04）μm（图2-41）。

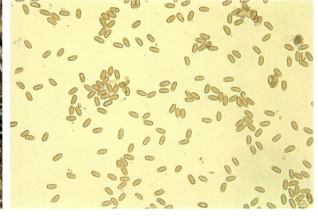

担子果　　　　　　　　　　　　　　　　担孢子

图2-41　椰子上生长的狭长孢灵芝形态（李增平　摄）

【发病规律】　病菌以菌丝体或担子果在病死椰子的立干、倒干、树头的病组织上或其他发病寄生上存活越冬，条件适宜时产生的担孢子借气流或风雨传播到椰子茎干上的机械伤、虫蛀伤、火烤伤等伤口处侵入定殖引起发病，病株发病几年后才会生长出担子果，一般不再侵染。多雨、潮湿的天气有利于发病。椰园荫蔽、潮湿，通风不良，管理差，虫害严重，在椰园内经常焚烧枯枝落叶等发病重。已发现狭长孢灵芝的寄主有椰子、槟榔、油棕、木麻黄等。

【防治方法】

1.加强椰园的栽培管理。不要在靠近椰子树头的附近焚烧枯枝落叶；定期除草，清除落地的枯叶和花穗等；雨季清沟排水，科学施肥；不穿钉鞋攀爬椰子茎干采果；清除病死树的茎干和树头，并进行销毁。

2.药剂防治。定期施用杀虫剂防治危害椰子茎干的白蚁和二疣犀甲等害虫。入冬前用树木涂白剂对椰子基部茎干进行涂白保护。

椰子南方灵芝茎基腐病

【分布及危害】 此病是海南老龄椰子上的一种常见病害。在海南文昌、海口、琼海、万宁、儋州、三亚、陵水、琼中等地有发现。主要危害椰子的茎干，造成椰子叶片发黄干枯，重病株整株枯死。

【症状】 发病椰子初期表现为下层老叶失绿，从叶柄基部下折倒挂，变黄后干枯，后期整株叶片发黄，树冠缩小，生长不良，最后全株叶片干枯脱落后枯死，多雨潮湿季节在病株中下部茎干侧面长出土褐色或褐色檐状担子果（图2-42）。

【病原】 为担子菌门、层菌纲、非褶菌目、灵芝属的南方灵芝 [*Ganoderma australe* (Fr.) Pat.]。担子果一年生到多年生，无柄或具短柄，单层或多层层叠生长，上表面土褐色或褐色，边缘白色，下表面灰白色，干燥的担子果下表面灰褐色。担孢子呈典型的南瓜子形，浅褐色，新鲜担孢子基部具透明的喙状突起，老熟担孢子基部则平截，双层壁，大小（7.4 ~ 14.0）μm×（5.7 ~ 7.6）μm。

【发病规律】 参阅椰子狭长孢灵芝茎基腐病。

【防治方法】 参阅椰子狭长孢灵芝茎基腐病。

老叶失绿下折倒挂

倒挂老叶干枯

整株枯死

茎干上长有无柄褐色担子果

茎基部长有柄褐色担子果

产生担孢子的担子果

图2-42 椰子南方灵芝茎基腐病田间症状（李增平 摄）

椰子柄腐病

【分布及危害】　此病是椰子上常见零星发生的病害之一，在所有椰子种植区均有发生。主要危害幼龄椰子的叶柄，造成叶柄组织白腐，叶片失绿发黄后干枯，病株长势衰弱。

【症状】　发病椰子长势弱，下层老叶失绿发黄后干枯，叶柄表面初期呈褐色或深褐色病斑，后期病斑变枯白色，叶柄失水干缩，内部组织白腐，潮湿条件下在病斑表面长出一层蓝灰色或浅灰色膜状的担子果。发病严重时，病菌可沿叶柄侵入茎干内部，造成茎干组织白腐，导致病株生长减慢，叶片提早枯黄，树冠明显缩小，重病株整株枯死（图2-43）。

【病原】　为担子菌门、层菌纲、非褶菌目、浅孔菌属的棕榈浅孔菌 [*Grammothele fuligo*（Berk. & Broome）Ryvarden]。担子果平伏生长于叶柄或茎干表面，孔面蓝灰色，管口每毫米 7 ～ 9 个。担子无色，棍棒状，薄壁；担孢子椭圆形或卵圆形，无色，大小（5.6 ～ 7.6）μm×（2.3 ～ 3.4）μm。

【发病规律】　病菌在田间病株、椰子病死树干、病株树桩或其他发病寄主上越冬，条件适宜时产生的担孢子借气流传播到椰子叶柄基部的机械伤、虫伤的伤口处侵入引起发病，导致叶柄组织白腐，菌丝在白腐组织内向茎干表层和向上部叶柄基部生长扩展，不断引起新的老叶发病，发病叶片提早发黄早衰。多雨、潮湿的天气有利于病害发生，椰园失管、荒芜、荫蔽潮湿发病重。病菌寄主范围广，可危害椰子、油棕、中东海枣、软叶刺葵、蒲葵、金山葵、佛肚竹等多种植物。

【防治方法】

1.**加强椰园的栽培管理**。对椰子进行科学施肥管理，雨季清沟排水，定期清除椰园内的高草灌木和落叶、落果，并集中处理。发病植株用刀砍除下部所有发病的叶柄并集中销毁。

2.**药剂防治**。病株清除病组织后，可选用三唑酮、戊唑醇等药剂喷雾下部的叶柄和茎干。

病株长势衰弱　　　　　　　　叶柄上的蓝灰色膜状担子果　　　　　　　叶柄提早干枯

图2-43　椰子柄腐病田间症状（李增平 摄）

椰子炭疽病

【分布及危害】 此病是椰子幼苗上常见病害之一。主要危害椰子幼苗的子叶，导致叶片变褐坏死，影响幼苗生长。

【症状】 发病椰子幼苗的叶片上呈现黑色小斑点，周围具黄色晕圈，病斑扩大后呈椭圆形、半圆形或不规则形，中间变灰白色，其上散生小黑点状的分生孢子盘，边缘具一条较宽的黑色或深褐色坏死带，外围具暗黄色或黄色晕圈。多个病斑汇合后造成叶片大面积坏死，重病叶提早干枯（图2-44）。

【病原】 为半知菌类、腔孢纲、黑盘孢目、刺盘孢属的暹罗炭疽菌（*Colletotrichum siamense* Prihastuti, L. Cai & K. D. Hyde）。

【发病规律】 椰子幼苗的子叶宽大，受日灼后易被炭疽菌的分生孢子从伤口处侵入引起发病。管理差、椰子苗期干旱缺水、叶片易被日灼导致发病重。

【防治方法】 加强对椰子幼苗的抚育管理，旱季及时灌水或进行适当遮阳防日灼，合理施肥或定期喷施叶面肥，提高椰子幼苗的抗病力。

子叶上的椭圆形灰白色病斑

子叶上具坏死带的半圆形灰白色病斑

小叶上的不规则形灰白色病斑

病斑上的小黑点状分生孢子盘

图2-44 椰子炭疽病田间症状（李增平 摄）

椰子假附球菌叶斑病

【分布及危害】　此病是大龄椰子上易发生的叶斑病之一。在海南文昌的椰子上发生较多，主要危害椰子下层老叶，引起小叶坏死干枯，最后整叶早衰脱落。

【症状】　主要危害椰子的下层老叶，从小叶叶尖开始呈现褐色病斑，病斑边缘具一条红褐色坏死带，外围具明显的黄色晕圈，后期病斑中央变灰白色枯死，潮湿条件下病斑表面轮生或散生点状的分生孢子座。发病严重时，小叶叶尖大面积变褐坏死，叶片提早变黄干枯（图2-45）。

【病原】　为半知菌类、丝孢纲、瘤座菌目、假附球菌属的椰子假附球菌 [*Pseudoepicoccum cocos* (F. Stevens) M. B. Ellis]。病菌分生孢子座圆形，黑褐色，大小16～120μm；分生孢子梗短，圆形至棍棒形，淡橄榄褐色，不分枝，大小（8.0～14.0）μm×（2.5～3.5）μm；分生孢子单生，近球形，淡橄榄褐色，单胞，表面光滑或具有微刺。

【发病规律】　此病喜高温潮湿的环境，在高温多雨季节发病最重，一年中相对湿度高和雨量多的季节发病最重，以海南文昌发生较多。

【防治方法】

1. 加强椰园管理。合理施肥和灌水，改善排水条件，增强树势，提高植株抗病力。定期剪除病叶组织并销毁。

2. 药剂防治。发病初期可选用1%等量式波尔多液，或25%多菌灵可湿性粉剂200倍液，或75%百菌清可湿性粉剂400倍液等药剂喷雾防治。

从下层老叶开始发病

小叶叶尖发病后干枯

小叶叶尖呈现褐色病斑

病斑上散生点状分生孢子座

图2-45　椰子假附球菌叶斑病田间症状（李增平　摄）

椰子叶点霉叶斑病

【分布及危害】 此病是椰子叶片上零星发生的一种叶斑病。主要危害椰子的下层老叶，造成小叶自叶尖向叶基变褐干枯，影响椰子的正常生长。

【症状】 下层老叶的小叶近叶尖处先发病，呈现褐色椭圆形病斑，病斑后期中央变灰白色，散生黑点状的分生孢子器，病斑向叶基扩展的边缘具明显的波浪形褐色同心轮纹，外围具明显的黄晕圈，病斑扩大后导致叶尖组织变灰白色干枯（图2-46）。

【病原】 为半知菌类、腔孢纲、球壳孢目、叶点霉属的叶点霉（*Phyllosticta* sp.）。分生孢子器近球形，产孢细胞为葫芦形，全壁芽生式产孢，分生孢子卵形，无色，单胞，大小（15.34 ~ 19.02）μm ×（8.746 ~ 11.340）μm（图2-47）。

【发病规律】 病菌以菌丝体或分生孢子器在病组织上存活越冬，条件适宜时产生的分生孢子借风雨传播到椰子下层老叶上，从叶尖机械伤或虫伤伤口处侵入引起发病，不断产生分生孢子传播进行再侵染。冷凉潮湿的天气条件有利于此病发生，近道路或公路旁的椰子叶片受风害或虫害重易发病。

【防治方法】 加强栽培管理，增施肥料，提高椰子的抗病力。定期剪除病叶并集中销毁。

褐色椭圆形病斑，中央灰白色　　　　　　　病斑边缘的褐色波浪形同心轮纹

图2-46　椰子叶点霉叶斑病田间症状（李增平　摄）

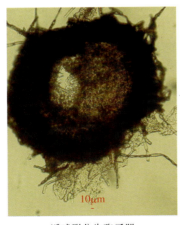 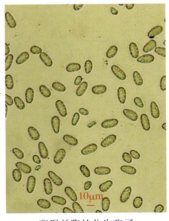 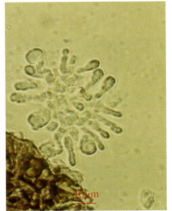

　　近球形分生孢子器　　　　　卵形单胞的分生孢子　　　　　全壁芽生式产孢

图2-47　椰子叶点霉叶斑病病菌形态（李增平　摄）

椰子蠕孢霉叶斑病

【分布及危害】 此病是个别年份幼龄椰子叶片上发生较为严重的一种叶斑病。在海南儋州、文昌、琼海等地有发生，主要危害幼龄椰子的嫩叶，造成椰子叶片大面积坏死干枯，严重影响幼龄椰子的正常生长。

【症状】 椰子嫩叶发病，呈现褐色小斑点，具明显黄晕圈，病斑扩大后呈椭圆形褐色病，潮湿条件下病斑表面长出灰褐色霉状物（病菌的分生孢子梗和分生孢子）。重病小叶易干枯（图2-48）。

【病原】 为半知菌类，丝孢纲、丝孢目、平脐蠕孢属的平脐蠕孢（*Bipolaris* sp.）。分生孢子梗褐色，具多个隔膜，顶端呈曲膝状变曲；分生孢子蠕虫形，具5～6个假隔膜，脐点平截。

【发病规律】 病菌以菌丝体在病残组织上存活越冬，条件适宜时产生的分生孢子借气流传播到椰子刚展开的嫩叶上，萌发后从表皮直接侵入引起发病，产生分生孢子后不断进行传播及多次再侵染。冷凉、潮湿的天气有利于发病；失管荒芜，缺肥导致生长不良的幼龄椰子发病重。

【防治方法】

1.加强椰园管理。幼龄椰子定植时要施腐熟的有机肥作基肥，生长过程中定期喷施叶面肥和合理灌水，雨季清沟排水，增强树势，提高植株抗病力。定期巡园，发现病情后及时剪除病叶集中销毁。

2.药剂防治。发病初期可选用1%等量式波尔多液，或25%多菌灵可湿性粉剂200倍液，或75%百菌清可湿性粉剂400倍液等药剂喷雾防治。

嫩叶上的椭圆形褐色病斑

病斑上长有褐色霉状物

幼龄椰子发病症状

具明显黄色晕圈的椭圆形病斑

图2-48 椰子蠕孢霉叶斑病田间症状（李增平 摄）

椰子褐根病

【分布及危害】 此病在海南保亭等地种植的椰子上有零星发生。主要危害椰子的茎基及根系，造成椰子生长不良，下层老叶发黄干枯，重病株整株死亡。

【症状】 发病椰子从下层老叶开始失绿发黄，叶片干枯，下折倒挂，向上扩展后整株叶片发黄干枯，植株死亡；砍开病株茎干基部，可见木质部组织干腐，长有单线褐色渔网状褐纹，潮湿季节在病株茎基或暴露须根侧面长出褐色或黑色檐状担子果（图2-49）。

【病原】 为担子菌门、层菌纲、非褶菌目、木层孔菌属的有害木层孔菌（*Phellinus noxius* Corner）。病菌的担子果生长在病死椰子树头茎干和暴露须根的侧面。担子果呈檐状着生，木质，无柄，半圆形，上表面黑褐色不平滑，下表面灰褐色，边缘呈黄褐色或黑褐色。

【发病规律】 参阅橡胶树褐根病。

【防治方法】 参阅橡胶树褐根病。

基部茎干组织干腐

长有渔网状褐纹

病株茎干基部长出褐色担子果

病根上长出黑色檐状担子果

图2-49 椰子褐根病田间症状（李增平 摄）

椰子煤烟病

【分布及危害】 椰子煤烟病是椰子上常见且分布广的一种真菌病害。主要危害椰子叶片，影响椰子的光合作用，降低其生长速度。

【症状】 椰子叶片发病，初期叶面呈现褐色或黑色点状小霉斑，扩大后连片成黑色煤烟状煤层，有的煤层呈薄纸状，易干裂脱落（图2-50）。

【病原】 引起椰子煤烟病的病菌主要有半知菌类、丝孢纲、丝孢目、三叉孢属的三叉孢菌 [*Tripos permunacerium*（Syd）Speg.]和子囊菌门、腔菌纲、座囊菌目、煤炱属的煤炱菌（*Capnodium* sp.）等多种真菌。

【发病规律】 以菌丝体、闭囊壳或分生孢子器在病部越冬，翌年春季产生的孢子借风雨传播到有刺吸式口器害虫危害的椰子叶片上，依靠黑刺粉虱、介壳虫等害虫的分泌物为营养进行繁殖和扩展。黑刺粉虱、介壳虫发生多，煤烟病发生也较严重。栽培管理差、通风透光不良的椰园发病较多。

【防治方法】

1.加强椰园的栽培管理。合理施肥，定期除草，多施有机肥，适时灌溉，增强椰子抗病力。

2.药剂防治。及时选用合适的杀虫剂防治黑刺粉虱、介壳虫等刺吸式口器的害虫，切断煤烟病菌的营养来源。

叶片上的黑色煤烟状物和黑刺粉虱

叶片上相连成片的黑色煤烟状物

椰子幼苗叶片上的黑色煤烟状物

椰子成株小叶上的黑色煤烟状物

图2-50 椰子煤烟病田间症状（李增平 摄）

椰子无根藤寄生

【分布及危害】 此病是椰子上零星发生的寄生性种子植物病害之一。在海南文昌、海口等地均有发生。主要寄生椰子小苗的叶片，发病椰子生长不良，叶片失绿发黄，变褐枯死，影响幼苗生长。

【症状】 椰子小苗发病，叶片上长有绿色细线状的无根藤，被寄生的叶片失绿发黄，易变褐干枯，病株生长不良（图2-51）。

【病原】 为被子植物门、双子叶植物纲、毛茛目、樟科、无根藤属的无根藤（*Cassytha filiformis* L.）。寄生性缠绕草本植物，茎线形，绿色或浅黄色，叶退化为微小的鳞片。穗状花序长，花小，白色。果球形，黄豆粒大小，初期果皮绿色，成熟后变白色，略透明。

【发病规律】 无根藤在田间近距离传播主要靠其藤蔓的不断生长向四周植物上攀爬寄生，远距离可通过人为携带藤蔓和鸟传播其种子到其他寄主植物上寄生。其寄主范围很广，可寄生桃金娘、桉树、相思树、马鞍藤、仙人掌、荔枝、龙眼、柑橘等多种植物。失管荒芜的幼龄椰子园，靠近边缘的椰子被附近灌木杂草上寄生的无根藤的藤蔓延伸攀爬到叶片上寄生引起发病。

【防治方法】 加强幼龄椰园的栽培管理，定期砍除椰园内的高草灌木，发现椰子被无根藤寄生时，人工剪除被寄生的椰子叶片及其附近的无根藤和其寄主置空旷处晒杀。

文昌发病的椰子幼苗

病叶无根藤上生长的小吸盘

海口发病的椰子幼苗

病叶上生长的绿色无根藤

图2-51 椰子无根藤寄生田间症状（李增平 摄）

椰子小叶榕绞杀

【分布及危害】 此病是椰子上零星发生的病害之一。在海南各地种植的椰子上均有发生。主要危害椰子茎干，造成茎干养分输送受阻，下层老叶失绿发黄，最后整株枯死。

【症状】 发病椰子茎干上生长有小叶榕植株及大量气生根，小叶榕的气生根不断增粗联合成大根，覆盖满椰子的茎干表面，受害椰子从下层老叶开始失绿发黄，生长不良，多年以后整株枯死，只剩下小叶榕独立生长（图2-52）。

【病原】 为植物界、被子植物门、桑科、榕属的绞杀植物小叶榕（*Ficus benjamina*）。

【发病规律】 椰子茎干受虫伤、机械伤后，木质部腐朽形成烂洞，小叶榕成熟的浆果被小鸟取食后，小鸟停歇在树洞口休息时，体内未被消化的种子随鸟粪一同排出掉落到树洞内，潮湿条件下种子萌发长出叶片和气生根，然后气生根不断沿椰子茎干向下生长扎入土壤中吸取营养，椰子茎干上的气生根不断增粗联合，最终绞死椰子。

【防治方法】 用刀或电锯切除发病椰子茎干的小叶榕枝条，并切断茎干上的气生根。

椰子茎干树洞内刚定植的小叶榕

发病椰子茎干上生长的小叶榕和气生根

发病椰子下层老叶失绿发黄

发病椰子茎干上不断增粗联合的小叶榕气生根

图2-52 椰子小叶榕绞杀田间症状（李增平 摄）

椰子剑叶病

【分布及危害】 此病是城市扩建道路时椰子易发生的非侵染性病害之一。在海口西秀海滩和假日海滩公路旁边的椰子上曾有此病发生。主要危害椰子根系，导致根系变褐坏死，不能吸收水分和养分，新抽嫩叶缺少营养不能展开，生势衰弱，重病株枯死。

【症状】 发病椰子新抽出的嫩叶不能正常展开，直立生长呈宝剑状，后期宝剑状的嫩叶干枯，重病株整株枯死。挖开茎基土壤可见其中有大量的水泥砂浆混合物，发病椰子的茎基及根系变褐坏死（图2-53）。

【病原】 土壤中有毒化学物质过多导致椰子根系中毒坏死所致。

【发病规律】 城市拓宽道路修建人行道时，原道路边种植于低洼地的椰子树头被大量的水泥砂浆混合物等铺路材料深埋，其中的有毒化学物质大量释放后毒死椰子根系，使根系丧失吸收水分及养分的能力，椰子新抽嫩叶由于缺少营养不能展开，长势衰弱而枯死。

【防治方法】 挖除病株，定植穴换土后重新移栽健康的椰子大树。

田间发病的椰子

茎基被水泥砂浆等深埋中毒坏死

新抽嫩叶呈剑状

剑状嫩叶顶端干枯

剑状嫩叶及老叶同时干枯

图2-53 椰子剑叶病田间症状（李增平 摄）

椰子水害沤根

【分布及危害】 此病是椰子大树移栽新区定植后易发生的非侵染性病害之一。常发现于公园、公路旁、小区绿化带新移植椰子大树上。主要危害椰子根系，造成根系变褐坏死，叶片干枯，整株死亡。

【症状】 种植于低洼积水地的椰子或新移植的椰子大树从下层老叶开始发黄，失水干枯。低洼积水地在雨季降水后可见椰园积水严重，不易排出；挖开新移植椰子病株树头泥土，可见椰子茎基被深埋，须根变褐坏死（图2-54）。

【病原】 因栽培管理措施不当所致。主要是移栽椰子大树时定植过深或种植地低洼，雨季易长时间积水，不易排出，造成水害沤根。

【发病规律】 椰子等棕榈科须根系单子叶植物大树移栽时，深植或根系长期浸泡于水中易坏死。定植时挖穴过深，回土时未踩实，或定植超深，浇水后椰子根系长时间泡水发病多。低洼地移植的椰子雨季排水不良易发病。

【防治方法】 低洼地移植椰子大树时要填土高畦种植，移栽椰子时回填土刚盖过最上层须根表面为宜，同时要踩实四周回土后再淋水，避免树头下沉。

下雨后低洼积水的椰园椰子老叶发黄

移植于低洼积水地的椰子老叶枯死

移植过深的椰子从老叶开始干枯坏死

深埋的根系变褐坏死

图2-54 椰子水害沤根田间症状（李增平 摄）

椰子寒害

【分布及危害】 此病是海南椰子冬春季易发生的非侵染性病害之一。主要危害椰子的下层老叶和嫩椰果，造成椰子老叶发黄后变褐枯死，嫩椰果表皮变褐坏死后不能食用，影响椰子的生长和产量。

【症状】 海南冬春季北方来的强冷空气（寒潮）过境3～5天后，道路旁边的椰子下层老叶从叶尖叶缘开始失绿发黄，继而全叶变黄，变褐干枯；嫩椰果表皮变褐坏死，最后变成空壳椰果（图2-55）。

【病原】 10℃以下的低温持续时间较长、昼夜温差过大引起。

【发病规律】 海南冬春季北方来的强冷空气（寒潮）南下，带来较长时间10℃以下的低温阴雨天气，昼夜温差过大引起椰子寒害。以东西方向道路两边的椰子发病较重。

【防治方法】 强冷空气（寒潮）来临前，可对易受害的椰子喷施含腐殖酸类的叶面肥，增强其抗寒能力。强冷空气过后，剪除因寒害而枯黄的椰子下层老叶，加强栽培管理，增施肥料，促进其恢复生长。

受寒害椰子下层老叶从叶尖叶缘开始变黄

下层老叶全叶变黄

下层老叶变褐干枯

嫩椰果表皮变褐坏死

图2-55 椰子寒害田间症状（李增平 摄）

椰子旱害

　　【分布及危害】　此病是海南夏季干旱地区幼龄椰子上易发生的非侵染性病害之一。主要表现是椰子下层老叶失绿发黄，变金黄色后变褐干枯，影响椰子幼树的生长。

　　【症状】　海南夏季高温干旱天气时间持续较长，椰子下层老叶从叶尖、叶缘开始失绿发黄，最后全叶变金黄色，重病株老叶从叶柄基部下折倒挂，变黄后变褐干枯（图2-56）。

　　【病原】　高温天气下土壤长期干旱缺水所致。

　　【发病规律】　海南夏季高温干旱天气持续时间较长，干旱少雨，土壤严重缺水，椰子小根坏死，不能从土壤中吸收充足水分和养分输送给叶片而发生旱害。夏季高温天气下，沙地或小花坛种植的椰子长时间缺水导致旱害重。

　　【防治方法】　加强对幼龄椰子的栽培管理，定植时多施腐熟的有机肥，促进椰子根系生长，提高抗旱能力；夏季干旱少雨地区和小花坛种植的椰子要定期淋水。砍除受旱害变黄和变褐干枯的椰子叶片，及时淋水和施肥，促进其恢复生长。

发生旱害的幼龄椰子园

下层老叶变金黄色

沙地发生旱害的椰子老叶变金黄色

小花坛内种植的椰子旱害后叶片下折倒挂

图2-56　椰子旱害田间症状（李增平　摄）

椰子盐害

【分布及危害】　此病是海南冬春季北部海边和夏季南部海边椰子上易发生的非侵染性病害之一。发病椰子下层老叶变褐干枯，影响椰子的生长及产量。

【症状】　海南冬春季北部海边和夏季南部海边种植于迎风面的椰子中下层老叶从叶尖、叶缘开始变褐枯死，椰树生长不良，无发病中心，与强劲的北风和南风天气相关（图2-57）。

发生盐害的椰子老叶变褐

发生盐害的椰子老叶干枯

冬春季北部海边发生盐害的椰子

椰子下层老叶变褐枯死

夏季南部海边发生盐害的椰子

椰子中下层老叶变褐干枯

图2-57　椰子盐害田间症状（李增平 摄）

【病原】 椰子叶片上的海水日晒后浓缩成高浓度的海盐使椰子叶片枯死。

【发病规律】 海南冬春季北部海边刮强劲北风和夏季南部海边刮强劲南风，将海岸附近浪花散布到空气中，形成的潮湿海水水汽大量吹拂到岸边椰子的叶片上，在中下层椰子叶尖、叶缘汇集后，通过白天阳光的照射浓缩，形成高浓度的海盐导致椰子叶片变褐坏死。

【防治方法】 加强对海岸边椰子的施肥管理，从而提高其抗病力。重病区必要时可在海边椰子树前竖立百叶窗式屏障阻隔海水水汽，或在发病季节对椰子树冠定时喷清水淋洗。

椰子缺素黄化病

【分布及危害】 此病是海南贫瘠土壤中种植椰子易发生的非侵染性病害之一。主要表现是椰子下层老叶失绿发黄，提早变褐干枯，影响椰子的生长及产量。

【症状】 椰子下层老叶从叶尖、叶缘开始失绿发黄，后期小叶叶尖变褐枯死，无发病中心（图2-58）。

公路旁边种植多年的椰子缺素黄化

公路旁边种植多年的椰子缺素严重黄化

公路旁边新移栽的椰子缺素黄化

砖红壤土地种植的幼龄椰子缺素黄化

校园内种植多年的椰子缺素黄化

公园内种植多年的椰子缺素黄化

图2-58 椰子缺素黄化病田间症状（李增平 摄）

　　【病原】　土壤中缺氮等营养元素导致。

　　【发病规律】　新移栽的椰子大树未施有机肥和其他肥料，容易发生缺素黄化病；老椰子树长期不施肥，土壤贫瘠易发生缺素黄化病。

　　【防治方法】　加强对椰子的栽培管理，移栽定植时挖大穴施足基肥，沙质壤及砖红壤的椰园定期施用有机肥和氮肥等。

三、油棕与其他棕榈科植物病害

油棕狭长孢灵芝茎基腐病

【分布及危害】 此病是油棕上发生的常见主要病害之一。在油棕园中的老龄油棕上发生较多，主要危害油棕的茎干和根系，造成叶片黄化干枯，重病株死亡。

【症状】 油棕发病初期，从下层老叶开始失绿发黄，从叶柄基部下折倒挂成斗篷状，干枯；逐渐向上蔓延到整株叶片黄化，树冠缩小，生长不良，心叶干枯；果实和雄花停止发育，重病株整株枯死。横切发病的油棕茎基部，在树干中央组织变灰白色湿腐。多雨潮湿条件下在枯死的病株茎基侧面长出红褐色或黑褐色檐状担子果（图2-59）。

病株茎干侧面生长的红褐色担子果　　　　　　病株茎基生长的黑褐色担子果

图2-59　油棕狭长孢灵芝茎基腐病田间症状（李增平 摄）

【病原】 为担子菌门、层菌纲、非褶菌目、灵芝属的狭长孢灵芝（Ganoderma boninense Pat.）。担子果无柄或具柄，菌盖半圆形或扇形，上表面红褐色或黑褐色，有细密同心环纹和放射状皱纹，有似漆样光泽；边缘钝，白色；下表面灰褐色或褐色，大小（5.2～9.5）×（4.3～9.0）cm，基部厚1.2～3.0cm，边缘厚0.8～1.1cm。担孢子浅黄褐色，狭长南瓜子形，老熟担孢子顶端平截，大小（9.3～12.1）μm×（5.6～7.8）μm（图2-60）。

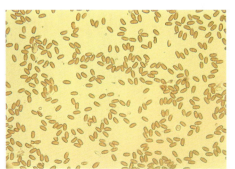

具柄的担子果　　　　　　无柄的担子果　　　　　　担孢子

图2-60　油棕茎基生长的狭长孢灵芝形态（李增平 摄）

【发病规律】　病菌可在病死油棕的倒干上或土壤中的病株树桩上营腐生，通过与活的油棕根系接触进行传播，田间病株及病残体上生长的担子果产生的担孢子是此病的主要侵染来源，担孢子通过气流传播到油棕茎基伤口处侵入引起发病，更新油棕园苗期发病的油棕主要是由于其根系与附近病株树头接触被传染引起，而6龄以上油棕发病主要是由气流传播孢子侵染引起。更新油棕园时未曾清除病株树头幼苗发病重，树龄越大的油棕园发病越重。

【防治方法】

1. **加强油棕园的抚育管理**。老油棕园更新时要彻底清除病株茎干、树头和病根，晒干后销毁，病区撒石灰消毒，增施有机肥，种植匍匐豆科覆盖作物等。雨季清沟排水，降低园内湿度，除草时避免砍伤油棕基部茎干。

2. **药剂防治**。轻病株选用三唑酮、三唑醇、萎锈灵、多菌灵、戊菌唑、十三吗啉等药剂淋灌树头及根系。在受机械伤的油棕基部茎干用树木涂白剂涂白保护。

油棕南方灵芝茎基腐病

【分布及危害】 此病是老龄油棕上发生的常见主要病害之一。主要危害油棕的茎干和根系，造成叶片黄化干枯，重病株死亡。

【症状】 油棕发病后，从下层老叶开始失绿发黄，从叶柄基部下折倒挂成斗篷状，干枯；逐渐向上蔓延到整株叶片黄化，树冠缩小，生长不良，后期整株枯死。多雨潮湿条件下在枯死的病株茎基侧面长出土褐色或褐色檐状担子果（图2-61）。

【病原】 为担子菌门、层菌纲、非褶菌目、灵芝属的南方灵芝 [*Ganoderma australe* (Fr.) Pat.]。担子果一年生到多年生，无柄或具短柄，单层或多层层叠生长，上表面土褐色或褐色，边缘白色，下表面灰白色，干燥的担子果下表面灰褐色，大小（5.3 ~ 15.4）cm×（5.2 ~ 12.6）cm，边缘厚0.4 ~ 1.2cm，基部厚4.3 ~ 5.6cm。担孢子呈典型的南瓜子形，浅褐色，新鲜担孢子基部具透明的喙状突起，老熟担孢子基部则平截，大小（6.3 ~ 8.2）μm×（3.9 ~ 5.4）μm。

【发病规律】 参阅椰子南方灵芝茎基腐病。

【防治方法】 参阅椰子南方灵芝茎基腐病。

田间发病枯死的油棕

病株茎干侧面生长的褐色担子果

病株下部茎干上生长的担子果

病株基部茎干上生长的担子果

图2-61　油棕南方灵芝茎基腐病田间症状（李增平　摄）

油棕柄腐病

【分布及危害】　此病是老龄油棕上发生的常见主要病害之一。主要危害油棕树冠下部老叶的叶柄，造成叶柄组织白腐，叶片提早发黄并干枯，病株生长不良。

【症状】　发病油棕生势弱，下层老叶提早失绿发黄后干枯，叶柄表面长出一层蓝灰色或浅灰色膜状的担子果，叶柄内部组织白腐，病株生长不良，树冠明显缩小（图2-62）。

【病原】　为担子菌门、层菌纲、非褶菌目、浅孔菌属的棕榈浅孔菌 [*Grammothele fuligo*（Berk. & Broome）Ryvarden]。担子果平伏生长于发病叶片基部叶柄表面，孔面蓝灰色或灰白色。

【发病规律】　参阅椰子柄腐病。

【防治方法】　参阅椰子柄腐病。

发生柄腐病的油棕生势弱

叶柄基部表面长出蓝灰色膜状担子果

病株下层老叶提早干枯

茎干上的多个叶柄发病

叶柄上的蓝灰色膜状担子果

图2-62　油棕柄腐病田间症状（李增平　摄）

油棕炭疽病

【分布及危害】 此病是油棕上常见的一种叶斑病。主要危害油棕树冠下部老叶的叶片，也可危害割叶后残留的叶柄，幼苗和成龄油棕均可受害，造成叶片坏死干枯，病株生长不良。

【症状】 油棕下层老叶和割叶后残留的叶桩易发病。病斑多出现在叶尖和叶缘。叶片发病初期，油棕小叶上呈现褐色，圆形、椭圆形或不规则形病斑，病斑坏死边缘有明显黄色晕圈或褐色水渍状晕圈。后期病斑中央变灰白色或灰褐色，散生小黑粒，病斑外围具一条较宽的褐色坏死带，病斑向叶基扩展或多个病斑汇合成云纹斑后，造成小叶叶尖大面积坏死干枯（图2-63）。

【病原】 为半知菌类、腔孢纲、黑盘孢目、刺盘孢属的胶孢炭疽菌 [*Colletotrichum gloeosporioides* （Penz.）Sacc.]。分生孢子圆柱形或长卵形，无色透明，单胞，中间有1～2个油滴，两端钝圆，大小（12.3～16.9）μm×（4.3～5.1）μm。

【发病规律】 油棕炭疽病在海南田间发病的时期多为冬春季。多雨潮湿天气适宜发病。幼苗和大树缺肥，生势弱易发病；大树叶片受日灼后发病重。

【防治方法】 加强对油棕幼苗的抚育管理，施足基肥，在生长期定期施肥和灌水，提高植株抗病力。雨季前及时修剪受日灼的油棕叶片并销毁。

小苗叶尖的云纹斑和灰白色干枯　　　　　　　　　大树叶尖的褐色病斑和黄色晕圈

小苗叶面上的褐色圆形和椭圆形病斑　　　　　　　　病斑边缘具黄色晕圈

图2-63　油棕炭疽病田间症状（李增平 摄）

油棕果腐病

【分布及危害】 此病是结果油棕开花期和结果期易发生的主要病害之一。主要危害花穗和果实，造成花穗干枯和幼果干腐，成熟期果实湿腐易脱落，对油棕果实的产量影响较大。

【症状】 果腐病症状分为干枯型和湿腐型两种（图2-64）。

干枯型：干旱季节油棕花穗和幼果期的果穗发生败育，败育的花穗和幼果果穗变黄色或黄褐色，僵硬干腐，整穗干枯坏死。

湿腐型：在雨季或高湿而荫蔽的油棕上生长的成熟期果穗发病后，病果外表症状不明显，用手轻摇果实可将病果从果穗中轻易取出（健果坚固则不能取出），病果果蒂变褐色或黑褐色水渍状湿腐，并伴有臭味。

【病原】 开花期和幼果期缺水引起干枯型果腐病，果实成熟期营养不良引起湿腐型果腐病。

【发病规律】 此病发生大致分为旱季和雨季两个时期。干旱季节开花的油棕，花苞和幼果穗由于缺水多出现干枯型果腐病。多雨季节，接近成熟和成熟期的果穗由于营养不足多出现湿腐型果腐病。紫皮长柄种烂穗率＞紫皮短柄种烂穗率＞青皮种烂穗率；平地、土壤湿润、土质肥沃或管理好、多施肥、深翻土、勤除草的油棕园发病轻，烂果少；反之，山坡地、土质差或失管、缺水、缺肥的油棕园发病偏重，烂果多。

【防治方法】 加强对结果油棕的栽培管理。在油棕开花期及时进行人工授粉，特别是在抽穗盛期前增施肥料，干旱季节及时进行灌水。

果穗发生干枯型果腐病的油棕

发病果穗干枯死亡

成熟期果穗发生湿腐型果腐病的油棕

发病果实果蒂变褐色水渍状湿腐

图2-64 油棕果腐病田间症状（李增平 摄）

油棕褐根病

【分布及危害】 此病是油棕上发生较重的根部病害之一。主要危害油棕的茎基和根系，造成油棕叶片黄化干枯，整株枯死。

【症状】 发病油棕的下层老叶失绿发黄、干枯，继而向上不断蔓延，生势衰弱，树冠缩小，黄化，最后整株枯死；潮湿季节在病株茎基或暴露须根侧面长出褐色或黑色檐状担子果；病株茎基木质部组织白腐，具渔网状单线褐纹，组织干燥质脆，后期褐纹中央组织腐烂内陷成蜂窝孔状（图2-65）。

【病原】 为担子菌门、层菌纲、非褶菌目、木层孔菌属的有害木层孔菌（*Phellinus noxius* Corner）。形态特征参阅橡胶树褐根病

【发病规律】 参阅油棕狭长孢灵芝茎基腐病。

【防治方法】 参阅油棕狭长孢灵芝茎基腐病。

病株茎基木质部组织内的单线褐色渔网纹　　　　　　病株茎基木质部褐纹中央组织白腐内陷呈蜂窝孔状

图2-65　油棕褐根病田间症状（李增平　摄）

油棕黑纹根病

【分布及危害】　此病是油棕茎基和根系零星发生的根部病害之一。主要危害油棕的茎基和根系，造成油棕叶片黄化干枯，整株枯死。

【症状】　发病油棕的下层老叶失绿发黄、干枯，继而向上不断蔓延后造成整株枯死；多雨潮湿条件下，病株茎基表面长出青灰色块状子座，子座后期变灰褐色或黑色，表面凹凸不平；茎基木质部组织白腐，具波浪状、锯齿状的单线和双线黑色线纹，部分黑纹闭合成圆圈状（图2-66）。

【病原】　为子囊菌门、核菌纲、焦菌属的炭色焦菌 [*Ustulina deusta*（Hoffm. et Fr.）Petrak]。病菌形态特征参阅橡胶树黑纹根病。

【发病规律】　参阅橡胶树黑纹根病。

【防治方法】　参阅橡胶树黑纹根病。

病株茎基表面生长的灰褐色子座　　　　　　　　　　灰褐色子座表面凹凸不平

木质部的单线黑纹　　　　　　　　　　　　呈锯齿状的黑纹

图2-66　油棕黑纹根病田间症状（李增平　摄）

油棕绿斑病

【分布及危害】 此病是海南油棕上常见零星发生的叶部病害之一。主要危害油棕的下层老叶，影响叶片的光合作用，导致叶片早衰，生长不良。

【症状】 发病初期，下层老叶的小叶表面呈现大小不一的黄绿色不规则形斑块，继而形成一层覆盖全叶的黄绿色藻斑，后期藻斑变暗绿色（图2-67）。

【病原】 为绿藻门、胶毛藻科、虚幻球藻属的虚幻球藻 [*Apatococcus lobatus* (Chodat) J. B. Petersen]。藻细胞球形，无色，单胞或3个至多个聚生在一起。

【发病规律】 绿斑病在失管、荒芜、缺肥、靠近路边油棕上易发生，在冬春季多雨、空气湿度较大时，病害发展迅速。

【防治方法】 加强对油棕的栽培管理，定期清理树盘杂草灌木，增施肥料，增强油棕的抗病力。

叶片上新生的黄绿色藻斑

小叶上新生的黄绿色藻斑

叶片上老化的黄绿色藻斑

小叶上老化的黄绿色藻斑

图2-67 油棕绿斑病田间症状（李增平 摄）

油棕榕树绞杀

【分布及危害】　此病是老龄油棕茎干上常见的病害之一。在海南各市县生长的老龄油棕上均有发生，主要危害油棕的茎干，造成油棕生势逐渐衰弱，十多年后整株枯死。

【症状】　被榕树绞杀的油棕生势逐渐衰弱，茎干上生长的榕属植物茎和气生根不断生长靠近后融合增粗，形成榕树镂空的主茎干，影响油棕的营养通过茎干上下输送，最终将油棕整株绞杀致死（图2-68）。

【病原】　为被子植物门、桑科、榕属的榕树（Ficus spp.）。主要有斜叶榕（F. tinctoria Forst.）、高山榕（F. altissima Bl.）、小叶榕（F. microcarpa Linn.）、黄葛榕（F. virens Aiton）等多种榕树。

【发病规律】　参阅橡胶树小叶榕绞杀。

【防治方法】　参阅橡胶树小叶榕绞杀。

斜叶榕绞杀油棕　　　　　　　黄葛榕绞杀油棕　　　　　　　小叶榕绞杀油棕

绞杀前期　　　　　　　　　　绞杀中期　　　　　　　　　　绞杀后期

图2-68　油棕榕树绞杀田间症状（李增平　摄）

油棕除草剂药害

【分布及危害】 此病是幼龄油棕园喷除草剂灭草时易发生的非侵染性病害之一。主要危害幼龄油棕的叶片，造成叶片出现褐色叶斑并大面积坏死，重病株整株枯死。

【症状】 叶片发病，初期在叶面、叶尖、叶缘呈现圆形或不规则形褐色叶斑，病斑边缘具明显黄色晕圈，继而叶片大面积坏死，小叶发黄，后期干枯，重病株整株枯死（图2-69）。

幼龄油棕嫩叶受害初期

叶片上呈现圆形或不规则形褐色病斑

幼龄油棕嫩叶受害中期

小叶大面积坏死并发黄

叶片上的不规则形病斑

重病株整株枯死

图2-69　油棕除草剂药害田间症状（李增平 摄）

【病原】　除草剂施药不当喷到叶片上引起药害。

【发病规律】　幼龄油棕园喷除草剂灭草时，喷头未装防护罩、风大、喷药不小心等导致除草剂喷到油棕叶片上，导致油棕叶片出现坏死斑，内吸性除草剂则可被叶片吸收后内吸输送到油棕根部，造成根系坏死，整株枯死。

【防治方法】　幼龄油棕园喷除草剂灭草时，喷头要安装防护罩，选择无风时进行喷药，同时尽量避免药液喷到油棕叶片上。

油棕日灼病

【分布及危害】 此病是油棕上常见零星发生的非侵染性病害之一。主要危害油棕叶片，造成油棕叶片失绿发黄，出现坏死斑，易被炭疽菌的分生孢子侵染引发油棕炭疽病。

【症状】 油棕小叶两侧叶肉失绿发黄，变金黄色，重病叶片全叶黄化，后期发黄的小叶叶尖和叶缘出现灰白色坏死斑（图2-70）。

【病原】 高温强光所致。

【发病规律】 油棕东面和西面生长下垂的叶片，附近无建筑物或树木遮挡，在干旱季节受阳光长时间照射易发生日灼病，在多雨季节易被炭疽菌的分生孢子侵染引发油棕炭疽病。

【防治方法】 加强栽培管理，增施肥料，旱季对油棕适时淋水，增强油棕的抗病力。

受日灼的叶片发黄

小叶两侧叶肉失绿变金黄色

叶片上的灰白色坏死斑

小叶叶尖和叶缘上的灰白色坏死斑

图2-70 油棕日灼病田间症状（李增平 摄）

软叶刺葵柄腐病

【分布及危害】　此病是软叶刺葵上发生较为严重的病害之一。主要危害软叶刺葵的叶柄，造成叶柄组织白腐，下层老叶发黄，提早枯死。

【症状】　发病的软叶刺葵从下层老叶开始提早失绿发黄，最后坏死干枯；多雨潮湿季节在发病枯死的叶柄基部表面长出蓝灰色膜状担子果，干燥条件下膜状担子果呈浅灰色，叶柄内部组织白腐；随着病情沿茎干向上不断蔓延，病株树冠下层老叶自下而上逐渐发黄，提早干枯（图2-71）。

【病原】　为担子菌门、层菌纲、非褶菌目、浅孔菌属的棕榈浅孔菌 [Grammothele fuligo（Berk. & Broome）Ryvarden]。担子果平伏生长于发病叶片基部叶柄表面，孔面蓝灰色或灰白色。

【发病规律】　参阅椰子柄腐病。

【防治方法】　参阅椰子柄腐病。

叶柄基部长有蓝灰色膜状担子果

干燥条件下的浅灰色膜状担子果

病株生势差，叶片早衰

叶柄白腐，叶片提早枯死

图2-71　软叶刺葵柄腐病田间症状（李增平　摄）

中东海枣柄腐病

【分布及危害】 此病是中东海枣上发生较为严重的病害之一。主要危害中东海枣的叶柄，造成叶柄组织白腐，下层老叶发黄，提早枯死。

【症状】 发病的中东海枣从下层老叶开始提早失绿发黄，最后坏死干枯；多雨潮湿季节在发病枯死的叶柄基部表面长出蓝灰色膜状担子果，叶柄内部组织白腐；随着病情沿茎干向上不断蔓延，病株树冠下层老叶自下而上逐渐发黄，提早干枯（图2-72）。

【病原】 为担子菌门、层菌纲、非褶菌目、浅孔菌属的棕榈浅孔菌 [Grammothele fuligo（Berk. & Broome）Ryvarden]。担子果平伏生长于发病叶片基部叶柄表面，孔面蓝灰色或灰白色。

【发病规律】 参阅椰子柄腐病。

【防治方法】 参阅椰子柄腐病。

下层老叶提早发黄

老叶大量干枯

重病株长势较差

叶柄基部生长蓝灰色膜状担子果

图2-72 中东海枣柄腐病田间症状（李增平 摄）

蒲葵柄腐病

【分布及危害】　此病是蒲葵上发生较为严重的病害之一。主要危害蒲葵的叶柄，造成叶柄组织白腐，下层老叶发黄，提早枯死。

【症状】　发病的蒲葵从下层老叶开始提早失绿发黄，最后坏死干枯；多雨潮湿季节在发病枯死的叶柄基部表面长出蓝灰色膜状担子果，叶柄内部组织白腐；随着病情沿茎干向上不断蔓延，病株树冠下层老叶自下而上逐渐发黄，提早干枯（图2-73）。

【病原】　为担子菌门、层菌纲、非褶菌目、浅孔菌属的棕榈浅孔菌 [*Grammothele fuligo*（Berk. & Broome）Ryvarden]。担子果平伏生长于发病叶片基部叶柄表面，孔面蓝灰色或灰白色。

【发病规律】　参阅椰子柄腐病。

【防治方法】　参阅椰子柄腐病。

下层老叶提早发黄

茎干上叶柄基部长有膜状担子果

老叶提早枯死

叶柄基部的蓝灰色膜状担子果

图2-73　蒲葵柄腐病田间症状（李增平　摄）

蒲葵炭疽病

【分布及危害】 此病是蒲葵上常见的一种叶斑病。主要危害蒲葵小苗叶片和成株下层老叶，造成叶片坏死，病株生长不良。

【症状】 叶片发病，多在叶尖呈现褐色坏死病斑，病斑向叶基扩展后形成云纹型或波浪纹型坏死斑，外围具黄色晕圈；干燥条件下病斑中央变灰白色；潮湿条件下病斑表面散生小黑点状的分生孢子盘（图2-74）。

【病原】 为半知菌类、腔孢纲、黑盘孢目、刺盘孢属的热带炭疽菌（*Colletotrichum tropicale* CT Rojas, R & Samuels）。

【发病规律】 参阅油棕炭疽病。

【防治方法】 参阅油棕炭疽病。

潮湿条件下叶尖呈现的褐色病斑

褐色病斑上的波浪纹

干燥条件下叶尖呈现的褐色病斑

叶面病斑上的波浪纹和小黑点

图2-74 蒲葵炭疽病田间症状（李增平 摄）

狐尾椰灵芝茎基腐病

【分布及危害】　此病是狐尾椰上零星发生的真菌病害之一。在海南五指山、海口等地均有发生。主要危害狐尾椰的茎干和根系，造成叶片失绿发黄后干枯，后期整株枯死。

【症状】　发病的狐尾椰从下层老叶开始失绿发黄，继而干枯坏死，树冠叶片长势逐渐衰弱，后期全部发黄后干枯，整株枯死；多雨潮湿条件下的病株茎基或死树桩上长出红褐色或土褐色檐状担子果（图2-75）。

【病原】　为担子菌门、层菌纲、非褶菌目、灵芝属的热带灵芝 [*Ganoderma tropicum* (Jungh.) Bres.] 和南方灵芝 [*G. australe*（Fr.）Pat.]。形态参阅槟榔南方灵芝茎基腐病。

【发病规律】　参阅槟榔南方灵芝茎基腐病。

【防治方法】　参阅槟榔南方灵芝茎基腐病。

整株枯死

病株桩侧面长出的红褐色檐状担子果

病株叶片失绿发黄

整株枯死

茎基长出褐色担子果

图2-75　狐尾椰茎基腐病田间症状（李增平 摄）

狐尾椰炭疽病

【分布及危害】 此病是狐尾椰上常见的一种叶斑病。主要危害狐尾椰小苗叶片，造成叶片坏死，病株生长不良。

【症状】 小苗叶片发病，小叶叶尖和叶缘呈现圆形、椭圆形或不规则形褐色病斑，病斑坏死边缘有较宽的深褐色坏死带，外围具明显的油渍状圈和黄色晕圈。后期病斑中央变灰白色或灰褐色，散生小黑粒，病斑向叶基扩展形成云纹斑（图2-76）。

【病原】 为半知菌类、腔孢纲、黑盘孢目、刺盘孢属的博宁炭疽菌（*Colletotrichum boninense* Moriwaki & Sato Tsukiboshi）和热带炭疽菌（*C. tropicale* CT Rojas, R & Samuels），分别引起圆斑型症状和云纹斑型症状。分生孢子圆柱形或长卵形，无色透明，单胞，中间有1～2个油滴，两端钝圆，分生孢子大小（22～33）μm×（9～12）μm。

【发病规律】 参阅油棕炭疽病。

【防治方法】 参阅油棕炭疽病。

幼苗叶片上的圆形叶斑

小叶上的褐色圆斑

幼苗叶片云纹形叶斑

小叶上的褐色云纹斑

图2-76 狐尾椰炭疽病田间症状（李增平 摄）

圆叶轴榈棒孢霉叶斑病

【分布及危害】　此病是圆叶轴榈上零星发生的侵染性病害之一。在儋州两院*有此病发生。主要危害圆叶轴榈的叶片，造成叶片大面积坏死干枯，影响幼龄树的生长。

【症状】　发病初期，叶面上呈现褐色圆形斑点，病斑扩大后呈圆形或椭圆形，中央褐色，边缘深褐色，外围具明显黄色晕圈，潮湿条件下病斑表面产生褐色霉状物；后期多个病斑汇合相连成不规则形大斑，病斑组织变枯白色坏死（图2-77）。

【病原】　为半知菌类、丝孢纲、丝孢目、棒孢属的多主棒孢 [*Corynespora cassiicola* (Bert. & Curt.) Wei]。分生孢子梗单生或丛生，浅褐色，直立或稍弯曲，具隔膜，基部膨大，大小（55～342）μm×（5～13）μm；分生孢子倒棍棒状至圆柱状，直或微弯，具有4～9个假隔膜，脐点平截，大小（53～195）μm×（14～22）μm（图2-78）。

【发病规律】　参阅橡胶树棒孢霉落叶病。

【防治方法】　参阅橡胶树棒孢霉落叶病。

病叶上的褐色圆形病斑

病斑汇合后变枯白色坏死

图2-77　圆叶轴榈棒孢霉叶斑病田间症状（李增平　摄）

---

*　两院为原华南热带作物学院和中国热带农业科学院的简称，因均在儋州市，故称为儋州两院，今名为宝岛新村。全书同。

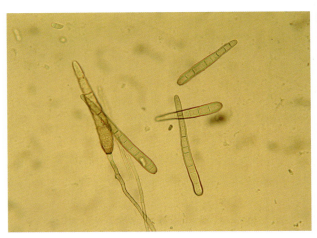

分生孢子梗

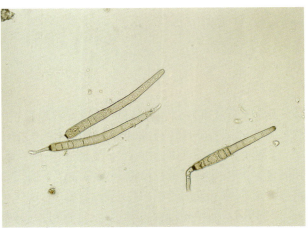

分生孢子

图2-78　多主棒孢的分生孢子梗及分生孢子（李增平　摄）

大王棕炭疽病

【分布及危害】　此病是大王棕上常见的一种叶斑病。主要危害大王棕小苗叶片和成株受日灼的叶片，造成叶片坏死，病株生长不良。

【症状】　叶片发病初期，小叶上呈现褐色小斑点，病斑扩大后呈近圆形、长方块形、不规则形褐色病斑，病斑坏死边缘有深褐色坏死带，外围具明显的黄绿色晕圈。后期病斑中央变灰白色或灰褐色，散生小黑点状的分生孢子盘，病斑扩展汇合后造成叶面和叶尖大面积干枯坏死（图2-79）。

【病原】　为半知菌类、腔孢纲、黑盘孢目、刺盘孢属的暹罗炭疽菌（*Colletotrichum siamense* Prihastuti, L. Cai & K. D. Hyde）。形态参阅油棕炭疽病。

【发病规律】　大王棕炭疽病在海南田间发病的时期多为冬春季。2—3月多雨潮湿天适宜发病。幼苗和大树缺肥，生势弱，受机械伤或椰心叶甲危害后易发病。

【防治方法】　加强对大王棕幼苗的抚育管理，施足基肥，在生长期定期施肥和灌水，及时防治椰心叶甲等害虫，提高植株抗病力。雨季前及时修剪发病的大王棕叶片并销毁。

幼龄发病的小叶

小叶上的不规则形褐色病斑

成龄大树小叶发病

小叶上的不规则形灰白色病斑

图2-79　大王棕炭疽病田间症状（李增平　摄）

大王棕南方灵芝茎基腐病

【分布及危害】 此病是大王棕上零星发生的真菌病害之一。在海南海口、澄迈、屯昌、儋州等地均有发生。主要危害大王棕的茎干和根系，造成叶片失绿发黄后干枯，后期整株枯死。

【症状】 发病的大王棕从下层老叶开始失绿发黄，继而干枯坏死，树冠叶片长势逐渐衰弱，后期全部发黄后干枯，整株枯死；多雨潮湿条件下的病株茎基或死树桩上长出红褐色或土褐色檐状担子果（图2-80）。

【病原】 为担子菌门、层菌纲、非褶菌目、灵芝属的南方灵芝 [*Ganoderma australe* (Fr.) Pat.]。形态参阅槟榔南方灵芝茎基腐病。

【发病规律】 参阅槟榔南方灵芝茎基腐病。

【防治方法】 参阅槟榔南方灵芝茎基腐病。

病株茎基侧面生长的担子果

干燥条件下生长的担子果

潮湿条件下单生的担子果

潮湿条件下连生的担子果

图2-80 大王棕南方灵芝茎基腐病田间症状（李增平 摄）

大王棕枯萎病

【分布及危害】　此病在低洼易积水的大王棕苗圃较为常见。在海南儋州等地有发现。主要危害大王棕幼树的根系和生长点，造成大王棕整株叶片发黄干枯，重病株枯死。

【症状】　幼龄大王棕发病，植株一侧的下层老叶失绿发黄，继而失水变褐干枯，同一侧根系的维管束及茎干维管束变褐坏死，并向上蔓延到生长点处导致心腐，后期整株枯死；病株基部茎干表面长出白色霉状物（图2-81）。

【病原】　为半知菌类、丝孢纲、瘤座孢目、镰刀菌属的尖孢镰刀菌（*Fusarium oxysporum* Schl.）。形态参阅橡胶树枯萎病。

【发病规律】　参阅槟榔枯萎病。

【防治方法】　参阅槟榔枯萎病。

病株从老叶开始失绿发黄

小叶变褐干枯

整株枯死

病株茎基表面长出白色霉状物

从一侧根系坏死扩展

茎干维管束变褐坏死

图2-81　大王棕枯萎病田间症状（李增平　摄）

大王棕鞘腐病

【分布及危害】 此病是海南大王棕上的常见病害之一。主要危害大王棕下层老叶叶鞘，造成叶片早衰枯死不脱落，影响大王棕植株的正常生长。

【症状】 发病大王棕下层老叶的叶鞘和叶片早衰，叶片先发黄后枯死，枯死叶鞘紧贴于大王棕茎干上不脱落，撕开枯死叶鞘后可见其下长满白色菌丝和菌索。多雨潮湿季节在茎干上的枯死叶鞘表面长出伞形担子果（图2-82）。

【病原】 为担子菌门、层菌纲、伞菌目、微皮伞属的白微皮伞菌 [*Marasmiellus candidus*（Bolt.）Sing]。形态参阅槟榔鞘腐病。

【发病规律】 参阅槟榔鞘腐病。

【防治方法】 参阅槟榔鞘腐病。

下层老叶早枯黏附茎干不脱落　　　　　　枯死叶鞘上的白色菌丝和菌索

剥去枯叶的病株　　　　　叶鞘组织白腐　　　　叶鞘上生长的伞形担子果

图2-82　大王棕鞘腐病田间症状（李增平 摄）

大王棕藻斑病

【分布及危害】　此病是大王棕上常见的次要病害。主要危害大王棕的叶柄，也可危害叶片，严重发生时可引起大王棕长势衰弱。

【症状】　叶柄、叶片发病，呈现圆形黄褐色病斑，其上长满黄褐色绒毛状物（为头孢藻的孢囊梗和孢子囊），老病斑中央后期变灰褐色（图2-83）。

【病原】　为绿藻门、橘色藻科、头孢藻属的寄生藻（*Cephaleuros virescens* Kunze）。

【发病规律】　参阅槟榔藻斑病。

【防治方法】　参阅槟榔藻斑病。

叶柄上的黄褐色藻斑　　　　　　　　　　病斑上的黄褐色绒毛状物

图2-83　大王棕藻斑病田间症状（李增平 摄）

鱼尾葵炭疽病

【分布及危害】 此病是鱼尾葵上常见的一种重要叶斑病之一。主要危害鱼尾葵叶片,造成叶片大量坏死干枯,严重影响鱼尾葵植株的生长。

【症状】 叶片发病,小叶叶面、叶尖和叶缘呈现圆形、椭圆形或不规则形锈褐色病斑,病斑边缘深褐色和锈褐色,外围具明显的亮黄色晕圈。后期病斑中央变灰白色,散生小黑点状的分生孢子盘,病斑向叶基扩展后形成云纹斑(图2-84)。

小叶上的锈褐色病斑	病斑边缘深褐色或锈褐色
病斑中央灰白色	小叶叶尖的云纹斑
发病严重的小叶	大量重病小叶坏死干枯

图2-84 鱼尾葵炭疽病田间症状(李增平 摄)

　　【病原】　为半知菌类、腔孢纲、黑盘孢目、刺盘孢属的暹罗炭疽菌（*Colletotrichum siamense* Prihastuti, L. Cai & K. D. Hyde）。分生孢子圆柱形或长卵形，无色透明，单胞，中间有 1 ～ 2 个油滴，两端钝圆。

　　【发病规律】　参阅油棕炭疽病。

　　【防治方法】　参阅油棕炭疽病。

鱼尾葵灰斑病

【分布及危害】 此病是鱼尾葵上常见的重要叶部病害之一。主要危害鱼尾葵的叶片，造成叶片大量坏死干枯，影响鱼尾葵植株的正常生长。

【症状】 发病初期，叶面上呈现黑色小斑点，病斑扩大后呈椭圆形和不规则形，中央变成灰白色，边缘黑色，外围具明显黄色晕圈，潮湿条件下病斑表面产生小黑点状的分生孢子盘；后期多个病斑汇合相连成不规则形大斑，病斑组织变枯白色坏死（图2-85）。

【病原】 为半知菌类、腔孢纲、黑盘孢目、拟盘多毛孢属的棕榈拟盘多毛孢 [*Pestalotiopsis parassiicola* (Bert. & Curt.) Wei]。分生孢子具4个分隔，5个细胞，中间3个细胞褐色，两端细胞无色，顶端细胞长有2～3根无色附属丝。

【发病规律】 病菌以菌丝体或分生孢子盘在病组织上越冬，翌年条件适宜时产生分生孢子，借风雨传播到鱼尾葵下层老叶上，从表皮伤口侵入或直接侵入引起发病，发病后产生分生孢子传播进行多次再侵染。温暖潮湿天气易发病。缺肥、生长不良、环境荫蔽的鱼尾葵发病重。

【防治方法】 加强栽培管理，增施肥料，提高植株抗病力。定期在雨季来临前修剪植株下层老叶和老病叶集中销毁。必要时可喷1%波尔多液保护叶片。

小叶上的黑色椭圆形小斑

病斑中央呈灰白色

发病严重的叶片

病斑中央散生小黑点

图2-85 鱼尾葵灰斑病田间症状（李增平 摄）

鱼尾葵绿斑病

【分布及危害】　此病是海南鱼尾葵上常见零星发生的叶部病害之一。主要危害鱼尾葵的老叶，影响叶片的光合作用，导致叶片早衰，生长不良。

【症状】　发病初期，中、下层老叶的小叶叶片表面呈现大小不一的鲜黄绿色不规则形斑块，继而形成一层覆盖全叶的鲜黄绿色藻斑，后期藻斑变暗黄绿色（图2-86）。

【病原】　为绿藻门、胶毛藻科、虚幻球藻属的虚幻球藻 [*Apatococcus lobatus* (Chodat) J. B. Petersen]。藻细胞球形，无色，单胞或3个至多个聚生在一起。

【发病规律】　绿斑病在失管、荒芜、缺肥、靠近路边、高楼北面的鱼尾葵上易发生，在冬春季多雨、空气湿度较大时，病害发展迅速。

【防治方法】　加强对鱼尾葵的栽培管理，定期清理树盘杂草灌木，增施肥料，增强油棕鱼尾葵的抗病力。

叶片上新生的鲜黄绿色藻斑

小叶上新生的鲜黄绿色藻斑

叶片上老化的暗黄绿色藻斑

小叶上老化的暗黄绿色藻斑

图2-86　鱼尾葵绿斑病田间症状（李增平　摄）

第三部分

木麻黄、桉树、榕树病害

　　木麻黄在海南主要种植于海岸线上作为海岸防风林。桉树是成片种植用作生产纸浆的主要树种。榕树中小叶榕、黄葛榕、菩提树等主要种植于公园、街道旁、公路边，作为绿化树和行道树。海南木麻黄每年受台风的多次危害，风害后对植株造成大量伤口，有利于病原木腐菌的侵染定殖，发生严重的病害有褐根病、红根病、二孢假芝茎腐病、南方灵芝茎腐病，次要病害有青枯病、盐害等。海南桉树上发现的病害有青枯病、二孢假芝茎腐病、褐根病、白粉病、褐斑病等，但其发生均不严重。榕树上常见的病害有炭疽病、褐根病、南方灵芝茎腐病、根癌病、黑痣病、漆斑病、拟茎点霉叶斑病、桑寄生等。其中，黑痣病、漆斑病对菩提树的危害尤其严重，常造成菩提树大落叶；桑寄生在海南儋州、海口等地对黄葛榕的危害非常严重。

一、木麻黄病害

木麻黄青枯病

【分布及危害】 此病是海南木麻黄幼树上发生最为严重的病害之一。在海南儋州、乐东、海口、文昌等地均有发生，主要危害幼龄期木麻黄的维管束，导致其根系和茎干维管束组织变褐坏死，嫩枝变黄绿色萎蔫，最后整株枯死。

【症状】 幼龄木麻黄发病初期，嫩枝变青绿色或黄绿色萎蔫，急性型病株全部嫩枝变灰白色萎蔫，继而嫩枝变褐干枯脱落，重病株嫩枝全部变褐后整株枯死，剖开基部茎干及病根可见其木质部的维管束组织变褐坏死，切取一段发病的基部茎干或病根插入湿沙中保湿过夜后，可见其上端切口处溢出乳白色菌脓；将一段发病的基部茎干或病根悬置于装满清水的透明玻璃管上端，静置一会可见其切口处向下排出乳白色线状的细菌溢流；切取一段发病的基部茎干或病根的木质部组织薄片制成临时装片，2分钟后可见切口两端溢出大量细菌导致清水变成乳白色（图3-1）。

【病原】 为原核生物界、普罗斯特细菌门、劳尔氏菌属的青枯劳尔氏菌 [*Ralstonia solanacearum* (Smith) Yabuuchi]。病原细菌在营养琼脂（nutrient agar，NA）培养基上呈乳白色，黏稠。菌体短杆状，有1～3根极生鞭毛，革兰氏染色阴性。

【发病规律】 病菌可在病株残体、土壤中长期存活，寄主有木麻黄、桉树、柚木、辣椒、番茄、茄子和花生等。田间主要通过地表流水、风雨传播，远距离借带病种苗调运传播。高温多雨季节土壤中的细菌从木麻黄根系伤口侵入其维管束后不断扩展蔓延，导致植株青枯；细菌可在木麻黄生长近地面的水平根系内横向蔓延，导致根系上端生长的木麻黄小苗青枯。一般4年生以下的幼树易发生青枯病，

幼树发病前期（嫩枝黄绿色）　　　幼树发病中期（嫩枝变褐）　　　幼树发病后期（整株枯死）

幼龄木麻黄的发病中心

成龄木麻黄的发病中心

急性型青枯嫩枝变灰白色干枯

慢性型青枯嫩枝变黄绿色

病茎维管束变褐坏死

病茎在清水中溢出的细菌流

病根在清水中溢出的细菌流

病茎保湿后溢出的乳白色菌脓

病茎切片在临时装片上呈现的乳白色细菌溢流

图3-1 木麻黄青枯病田间症状及诊断（李增平 摄）

成龄木麻黄也能发病。土壤pH 6～8、温度33～35℃、相对湿度80%以上时，青枯病发病严重，海南11月至翌年3月是病害发生的高峰期；近海边的低洼地及排水不良的砂质土壤中种植的木麻黄易发病。

【防治方法】

1.**培育健康无病种苗科学种植**。不选种过寄主植物的地块育苗或取土作育苗营养土。利用火烧土或红泥土、黄泥土作营养土育苗。低洼地开沟起垄种植木麻黄。

2.**病区实行隔离和轮作**。发生木麻黄青枯病的病区，及时清除病株并集中销毁，开沟进行隔离，再次更新时选择非寄主林木进行轮作。

3.**搞好田园卫生**。发病地块的病穴撒石灰粉，或喷淋1∶100倍的福尔马林液等进行消毒。

木麻黄红根病

【分布及危害】 此病是海南木麻黄大树上发生较为严重的根部病害之一。在海南万宁、琼海、海口、儋州、临高、澄迈、昌江、陵水、东方、乐东等地均有发生。主要危害木麻黄的茎基和根系，造成其木质部组织白腐，嫩枝黄化枯死，树冠稀疏，重病株整株枯死。

【症状】 发病木麻黄嫩枝黄化脱落，小枝枯死，树冠稀疏，生长不良，重病株整株枯死，具明显发病中心；病株病根表面平粘一层泥沙，用水洗后可见白色菌索、枣红色和黑红色革质菌膜，后期病根的木质部组织呈海绵状湿腐，散发出浓烈的蘑菇味；多雨潮湿季节在病株茎基侧面和暴露病根上长出红褐色檐状担子果（图3-2）。

【病原】 为担子菌门、层菌纲、非褶菌目、灵芝属的热带灵芝 [*Ganoderma tropicum* (Jungh.) Bres.]。担子果一年生，具柄或无柄，半圆形或扇形，上表面红褐色、红黄色、紫红色或紫褐色，边缘白色，下表面灰白色，大小（5.0～28.0）cm×（4.5～18.0）cm，边缘厚1.2～2.3cm，基部厚2.2～6.5cm，柄长5～9cm。担孢子南瓜子形，褐色单胞，大小（8.8～11.1）μm×（6.6～7.4）μm（图3-3）。

病株树冠稀疏，具发病中心

重病株整株枯死

病株暴露的病根上长出红褐色担子果

病株树桩侧面长出红黄色具柄担子果

病根表面平粘一层泥沙　　　　病根表面的白色菌索和黑红色菌膜　　　　病根木质部海绵状湿腐

图3-2　木麻黄红根病田间症状（李增平 摄）

新生的具柄担子果　　　　　　　　　产生担孢子的老熟具柄担子果

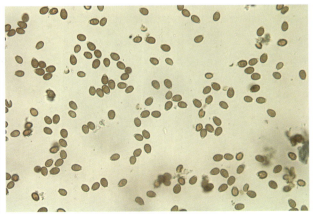

无柄扇形担子果　　　　　　　　　　　　　　担孢子

图3-3　木麻黄红根病菌热带灵芝形态（李增平 摄）

【发病规律】　热带灵芝以菌丝体在病株树桩、病根及田间病株上越冬，翌年条件适宜时长出担子果，产生的担孢子借气流传播到木麻黄受虫伤、机械伤或火烧伤的茎基或板根的伤口处侵入引起发病，病菌菌丝向下蔓延到根系后，通过病株根系与邻近木麻黄根系的接触传播引起再侵染；地上部病株在发病几年后才能长出担子果，产生担孢子后进行传播侵染。木麻黄树龄越大，受虫伤、机械伤多，发病越重。

【防治方法】

1.加强木麻黄的栽培管理。不要在木麻黄树头附近烧火，除草时避免损伤木麻黄茎基；及时清除木麻黄茎基表面白蚁构筑的泥层。定期巡查，及时砍除病株，挖出病根销毁。

2.药剂防治。定期施用杀虫剂防治木麻黄林中的白蚁和天牛等蛀干害虫。对受虫伤、机械伤和火烧伤的木麻黄茎干用树木涂白剂涂白保护。

木麻黄狭长孢灵芝茎腐病

【分布及危害】 此病是木麻黄上零星发生的茎干病害之一。在海南乐东、昌江、儋州、临高、澄迈、海口等地有发现。主要危害木麻黄的基部茎干，造成植株生长不良，重病株整株枯死。

【症状】 田间木麻黄发病后，嫩枝失绿，无光泽，继而发黄脱落，部分小枝条枯死，树冠稀疏，生长不良，重病株整株枯死，病株茎干基部木质部组织白腐。多雨潮湿季节在病株的茎干上和接近地面的茎基部长出黑褐色或漆黑色、有柄和无柄的担子果，产生担孢子的担子果表面覆盖一层土褐色的担孢子粉（图3-4）。

病株树冠稀疏　　　　　　　　枯枝，生长不良　　　　　　　　茎基长担子果

重病株整株枯死　　　　　　　　　茎基木质部组织白腐

多年生的黑褐色具柄担子果

病根上老熟的黑褐色贝壳形具柄担子果

茎基部覆盖担孢子的扇形无柄担子果

茎基部老化的漆黑色无柄担子果

图3-4　木麻黄狭长孢灵芝茎腐病田间症状（李增平 摄）

【病原】　为担子菌门、层菌纲、非褶菌目、灵芝属的狭长孢灵芝（*Ganoderma boninense* Pat.）。担子果一年生至多年生，无柄或有柄，单生或叠生，菌盖贝壳形、扇形、半圆形或不规则形，表面近基部中央突起，黑褐色或漆黑色，近边缘处呈红褐色，具有漆样光泽，边缘灰白色，自基部向外有明显的放射状皱纹和致密的环纹，下表面的近基部处呈灰褐色，靠近菌盖边缘处渐变灰白色，担子果大小（14～18）cm×（9～12）cm，边缘厚0.2～0.7cm，基部厚2～5cm，柄粗1.8～2.7cm，柄长5.5～6.8cm；担孢子狭长呈南瓜子形，单胞褐色，大小（8.9～11.7）μm×（4.2～5.5）μm（图3-5）。

老熟产孢具柄担子果

担子果背面灰褐色

新生无柄担子果 担孢子

图3-5 木麻黄上生长的狭长孢灵形态（李增平 摄）

【发病规律】 参阅槟榔狭长孢灵芝茎基腐病。
【防治方法】 参阅槟榔狭长孢灵芝茎基腐病。

木麻黄褐根病

　　【分布及危害】　此病是海南木麻黄上发生较为严重的根部病害之一。在海南万宁、琼海、海口、澄迈、儋州、昌江等地均有发生。主要危害木麻黄的茎基及根系，造成木麻黄生长不良，树冠稀疏，枯枝，重病株整株死亡。

　　【症状】　发病木麻黄嫩枝失绿，发黄后脱落，树冠稀疏，生长不良，枯枝，易被强风整株吹倒，病株茎基有时形成烂洞，重病株整株嫩枝发黄干枯后死亡；病根表面粘泥沙后凹凸不平，病根表面泥沙间分散或成片生长有铁锈色绒毛状菌膜或黑色薄而脆的革质菌膜，病根木质部长有单线褐色渔网状褐纹，后期木质部组织干腐，多雨潮湿季节在病株茎基侧面或暴露病根下表面长出黑色的檐状或灰褐色硬壳状担子果（图3-6）。

病株树冠稀疏

易被强风整株吹倒

重病株整株枯死

田间发病中心

病根表面粘泥沙后凹凸不平

病根表面长有铁锈色或黑色菌膜

病根木质部具单线褐色渔网纹

后期木质部组织干腐、质脆

病株茎基形成烂洞，长黑色担子果

病株茎基长黑色檐状担子果

病株茎基下表面长灰褐色硬壳状担子果　　　　　　　　暴露病根下表面长灰褐色硬壳状担子果

图3-6　木麻黄褐根病田间症状（李增平 摄）

【病原】　为担子菌门、层菌纲、非褶菌目、木层孔菌属的有害木层孔菌（*Phellinus noxius* Corner）。病菌的担子果生长在病死木麻黄基部茎干侧面和暴露粗根的下表面。担子果呈檐状着生，或在倒干及暴露粗根的下表面呈硬壳状着生，木质，无柄，半圆形，上表面黑褐色不平滑，边缘呈黄褐色，下表面灰褐色。

【发病规律】　参阅橡胶树褐根病。此病在海南昌江海尾海边的木麻黄林发病率高达30%以上。

【防治方法】　加强木麻黄林的栽培管理。定期巡查，发现病株及时砍除，并彻底挖除病株桩及病根，销毁后再补植小苗。

木麻黄南方灵芝茎腐病

【分布及危害】 此病是海南老龄木麻黄树上常见的一种重要茎干病害。在海南各市县种植的木麻黄上均有发现。主要危害木麻黄的茎干，造成木麻黄嫩枝发黄干枯，树冠稀疏，生长不良，重病株整株枯死。

【症状】 木麻黄发病前期表现为嫩枝失绿，树冠稀疏，生长不良，后期出现较多枯枝，重病株整株枯死，多雨潮湿季节病株基部茎干侧面长出土褐色或褐色檐状担子果（图3-7）。

【病原】 为担子菌门、层菌纲、非褶菌目、灵芝属的南方灵芝 [*Ganoderma australe* (Fr.) Pat.]。担子果一年生到多年生，无柄或具短柄，单层或多层层叠生长，呈舌形、扇形、半圆形或不规则形，上表面土褐色或褐色，潮湿时呈黑褐色，边缘白色，下表面灰白色，干燥的担子果下表面灰褐色，大小（6.0～48.5）cm×（5.8～27.5）cm，边缘厚0.8～1.2cm，基部厚3.5～12.5cm。担孢子呈典型的南瓜子形，浅褐色，新鲜担孢子基部具透明的喙状突起，中央具一个较大油滴，老熟担孢子基部则平截，大小（5.5～6.8）μm×（7.4～11.1）μm（图3-8）。

病株生长不良

重病株整株枯死

病株茎基长土褐色檐状担子果

病株茎干上长褐色檐状担子果

病株树桩上着生檐状担子果　　　　　　　　　病株茎干组织白腐

图3-7　木麻黄南方灵芝茎腐病田间症状（李增平　摄）

一年生具柄担子果

担子果下表面呈灰白色

一年叠生担子果

多年叠生担子果

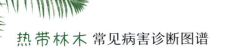
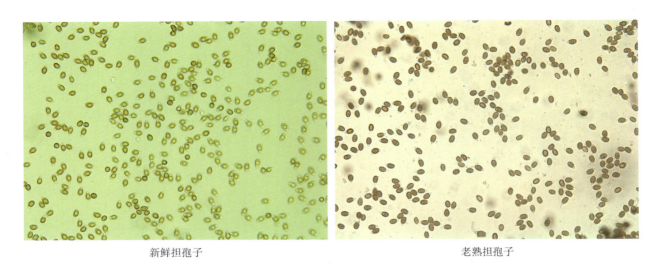

新鲜担孢子　　　　　　　　　　　　　　　老熟担孢子

图3-8　木麻黄上生长的南方灵芝形态（李增平 摄）

【发病规律】　病菌以菌丝体或担子果在病死木麻黄的立干、倒干、树头的病组织上或其他发病寄主上存活越冬，条件适宜时产生的担孢子借气流或风雨传播到木麻黄茎干上的机械伤、虫蛀伤、火烤伤等伤口处侵入定殖引起发病。多雨、潮湿的天气有利于发病，木麻黄树龄大，近海边，荫蔽、潮湿，通风不良，虫害、风害严重等发病重。南方灵芝的寄主较多，有椰子、槟榔、油棕、木麻黄、橡胶树、榕树、非洲楝、相思树、芒果等。

【防治方法】

1.**加强木麻黄林的栽培管理。**定期清除病死树的茎干和树头，并进行集中销毁；雨季清沟排水，降低林间湿度。

2.**药剂防治。**定期施杀虫剂防治危害木麻黄茎干的白蚁和天牛等害虫，必要时在入冬前对重要的木麻黄大树用树木涂白剂进行基部茎干的涂白保护。

木麻黄二孢假芝茎腐病

　　【分布及危害】　此病是海南木麻黄上常见的主要茎干病害之一。在海南陵水、万宁、海口、文昌、澄迈、临高、定安、儋州、昌江、东方等地均有发生。主要危害木麻黄的茎干，造成木麻黄嫩枝黄化枯死，树冠稀疏，枯枝，重病株整株死亡。

　　【症状】　田间发病的木麻黄植株生长不良，嫩枝黄化枯死，树冠稀疏，枯枝，重病株整株死亡。潮湿多雨季节在将死或已病死的木麻黄下部茎干侧面、茎基和暴露于地面的病根上长出黑红色、灰黑色或黑色檐状担子果，茎干组织白腐（图3-9）。

病株嫩枝失绿发黄

树冠稀疏，枯枝

整株枯死

茎干上生长扇形担子果

茎干上的贝壳状担子果　　　　　　　　　　　茎干上的红褐色担子果

茎基生长的不规则形担子果　　　　　　　　病根上生长的具柄黑色担子果

图 3-9　木麻黄二孢假芝茎腐病田间症状（李增平 摄）

【病原】　为担子菌门、层菌纲、非褶菌目、假芝属的二孢假芝 [*Amauroderma subresinosum* (Murrill) Corner]。担子果一年生，无柄或具短柄，软木栓质，半圆形、扇形、舌形、蹄形、钟形、贝壳形或不规则形，大小（4.0 ～ 25.5）cm ×（8.7 ～ 20.6）cm，边缘厚 0.8 ～ 3.2cm，基部厚 1.2 ～ 7.5cm；担子果幼时较软，边缘黄白色，干后奶油色；生长期的担子果上表面中部至基部为红褐色或全部呈黑褐色，有细密的同心环纹，具似漆样光泽，边缘及下表面呈黄白色；干燥的担子果上表面呈灰黑色或黑色，中央隆起皱缩形成皱褶，边缘变薄，并向下弯曲，使担子果形成钟状或贝壳状，下表面呈灰白色。成熟担孢子与未成熟担孢子的颜色和大小不同，成熟担孢子卵圆形，无色，具一大油滴，双层壁，表面有小刺，大小（11.9 ～ 12.2）μm ×（7.8 ～ 8.7）μm；未成熟担孢子卵圆形，淡黄褐色或浅粉色，无油滴或具 1 个至多个小油滴，双层壁，外壁无色透明，内壁褐色有小刺，孢壁有疣状纹饰，大小（10.3 ～ 11.9）μm ×（7.5 ～ 8.2）μm（图 3-10）。

【发病规律】　参阅木麻黄南方灵芝茎腐病。

【防治方法】　参阅木麻黄南方灵芝茎腐病。

成熟的黑色担子果（下表面黄白色）

干燥皱缩的钟形担子果

产孢的灰黑色担子果

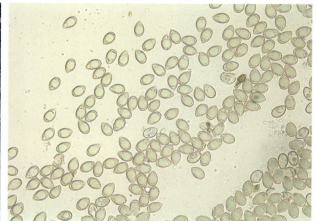

成熟担孢子

处于生长期的新鲜担子果

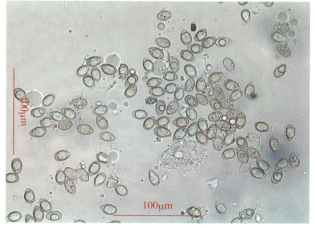

成熟的无色担孢子和未成熟的浅粉色担孢子

图3-10　木麻黄上生长的二孢假芝形态（李增平　摄）

木麻黄无根藤寄生

【分布及危害】 此病是木麻黄上零星发生的寄生性种子植物病害之一。在海南文昌、海口、儋州等地均有发生。主要寄生木麻黄的嫩枝，发病木麻黄生长不良，叶片失绿发黄，变褐脱落。

【症状】 发病木麻黄嫩枝上长有绿色细线状的无根藤，被寄生的嫩枝失绿发黄，易变褐干枯，病株生长不良（图3-11）。

被无根藤寄生的木麻黄枝条

被寄生的嫩枝失绿发黄

嫩枝上寄生的绿色无根藤

嫩枝变褐干枯

图3-11 木麻黄无根藤寄生田间症状（李增平 摄）

【病原】 为被子植物门、双子叶植物纲、毛茛目、樟科、无根藤属的无根藤（*Cassytha filiformis* L.）。寄生性缠绕草本植物，茎线形，绿色或浅黄色，叶退化为微小的鳞片。穗状花序长，花小，白色。果球形，黄豆粒大小，初期果皮绿色，成熟后变白色，略透明。

【发病规律】 无根藤在田间近距离传播主要靠其藤蔓的不断生长向四周植物上攀爬寄生，远距离可通过人为携带藤蔓和鸟传其种子到其他寄主植物上寄生。寄主范围很广，可寄生桃金娘、桉树、相思树、马鞍藤、仙人掌、荔枝、龙眼、柑橘、木麻黄、大叶榄仁树、苦楝等多种植物。失管荒芜的海边木麻黄林，靠近林缘的木麻黄易被附近灌木杂草上寄生的无根藤的藤蔓攀爬到嫩枝上寄生。

【防治方法】 加强木麻黄林的栽培管理，定期砍除木麻黄林缘被无根藤寄生的杂草灌木，剪除被无根藤寄生的木麻黄枝条，并置空旷处晒杀。

木麻黄菟丝子寄生

【分布及危害】 此病是木麻黄上零星发生的寄生性种子植物病害之一。在海南海口、儋州等地有发生。主要寄生木麻黄的嫩枝，发病木麻黄生长不良，叶片失绿发黄，变褐枯死。

【症状】 发病木麻黄嫩枝上长有黄色细线状的菟丝子，被寄生的嫩枝失绿发黄，易变褐干枯，树冠稀疏，枯枝，重病株生长不良（图3-12）。

被寄生的木麻黄

木麻黄嫩枝上寄生大量菟丝子的黄色藤

嫩枝失绿发黄

树冠稀疏，枯枝

图3-12 木麻黄菟丝子寄生田间症状（李增平 摄）

【病原】 为被子植物门、旋花科、菟丝子属的南方菟丝子（*Cuscuta australis* R. Br.）。菟丝子为一年生全寄生草本植物。藤金黄色，纤细，肉质，无叶。花序侧生，多花簇生成小伞形，花冠乳白色或淡黄色；蒴果扁球形，种子淡褐色，卵形，表面粗糙。

【发病规律】 菟丝子主要靠种子弹射和藤的自身蔓延攀爬进行近距离传播，通过人类携带种子和藤，随意丢弃到寄生植物上进行远距离传播。

【防治方法】 加强木麻黄林的栽培管理，定期砍除木麻黄林缘被菟丝子寄生的杂草灌木，剪除被菟丝子寄生的木麻黄枝条，并置空旷处晒杀。

木麻黄桑寄生

【分布及危害】　此病是木麻黄上零星发生的寄生性种子植物病害之一。在海南海口、儋州、东方、白沙等地有发生。主要寄生在木麻黄的枝条和茎干上，吸收木麻黄的水分和营养，导致木麻黄嫩枝发黄脱落，生势衰弱，寄生严重的木麻黄枝条枯死。

【症状】　被寄生的木麻黄枝条或树干处肿大成瘤状或纺锤状，其上生长有桑寄生植物；发病木麻黄嫩枝发黄脱落，生势衰弱，寄生严重的木麻黄枝条枯死（图3-13）。

被寄生的木麻黄植株

被寄生的枝条生长不良

被寄生的木麻黄枝条顶梢回枯

木麻黄枝条上生长的桑寄生植株

图3-13　木麻黄桑寄生田间症状（李增平 摄）

【病原】　为被子植物门、桑寄生科、钝果寄生属的广寄生 [*Taxillus chinensis*（DC.）Danser]。广寄生俗称"桑寄生"，属半寄生常绿灌木，寄主有36科150多种。桑寄生枝条上有突起的灰黄色皮孔，嫩梢及嫩叶表面长有黄褐色短毛；叶片互生或近于对生，革质，卵圆形至长椭圆形；花冠狭管状；幼嫩浆果表面密生小瘤突起，成熟浆果淡黄色，椭圆形。

【发病规律】　鸟类是桑寄生的主要传播媒介，也可通过其匍匐茎的向下生长在同一枝条或茎干上近距离传播。小鸟取食成熟富含糖类的桑寄生浆果，消化果肉后，种子连同其表面的黏胶被吐出或随鸟粪排出黏附于木麻黄的茎干或枝条上，萌发后长出吸根侵入木麻黄表皮与其导管相连建立寄生关系，长出枝叶后可自己进行光合作用制造自身所需的有机物。继而桑寄生的茎基部长出匍匐茎沿木麻黄茎干或枝条表面不断向前生长，每隔一定距离长出新吸根侵入不断进行再侵染。靠近居民点、防护林、森林地且鸟类较多的木麻黄易发病。

【防治方法】　用利刀把桑寄生的枝叶及其匍匐茎，连同木麻黄的被害枝条一起砍除，寄生大枝或茎干只砍除桑寄生植物的匍匐茎和枝叶。

木麻黄盐害

【分布及危害】　此病是冬春季在海南北部海边木麻黄上易发生的非侵染性病害之一。在海南昌江、临高、澄迈、海口、文昌等近北部海边的木麻黄发病较为严重。主要表现是木麻黄嫩枝变褐干枯，自顶端向下回枯，重病林地的木麻黄大量枯死。

【症状】　冬春季北部海边种植于迎风面的木麻黄绿色嫩枝变褐枯死，木麻黄生长不良，无发病中心，与强劲的北风天气相关（图3-14）。

发生盐害失绿发黄的木麻黄嫩枝

顶端嫩枝枯死

幼树整株枯死

幼树大面积枯死

图3-14　木麻黄盐害田间症状（李增平 摄）

【病原】　木麻黄嫩枝长时间被海水浸湿，加上日晒后浓缩成高浓度的海盐使木麻黄枝条枯死。

【发病规律】　冬春季海南北部海边刮强劲北风，将海岸附近浪花散布到空气中，形成的潮湿海水水汽大量吹拂到岸边木麻黄的嫩枝上，长时间浸湿嫩枝，并通过白天阳光的照射形成高浓度的海盐导致木麻黄枝条变褐坏死。

【防治方法】　加强对海岸边木麻黄的栽培管理。必要时可在海边木麻黄前竖立百叶窗式的防风屏障或种植耐盐的露兜、草海桐等绿篱植物，阻隔海水水汽。

二、桉树病害

桉树青枯病

【分布及危害】 此病在国外发现于巴西、澳大利亚、刚果（金）、南非、乌干达等国家。国内海南、广东、广西、云南、福建、台湾等地均有发生，重病区发病率高达20%～90%。海南发现于儋州那大镇苗圃基地，主要危害苗圃的扦插苗和幼树，导致植株青绿色萎蔫，最后整株枯死。

【症状】 主要危害扦插苗和幼树，呈现急性型和慢性型症状。

急性型：发病植株顶端枝叶快速失水，呈青绿色萎蔫下垂，早晚能恢复，后期叶片不再恢复，变灰白色或变褐干枯，整株枯死；有时在病株枝干表皮呈现褐色至黑褐色的条斑，地下根的表皮层腐烂脱落，剖开病株茎干和病根可见其木质部的维管束变褐色，将清水滴在病株粗根或基部茎干的横截面上，不久即可呈现环状溢出的白色菌脓。

慢性型：发病植株生长不良、矮小，下层叶片变紫红色，并逐渐向上扩展，后期叶片干枯脱落。部分茎干和侧枝上出现不规则黑褐色坏死斑，病株茎基维管束变褐色，3～6个月后，严重发病的植株整株枯死。

【病原】 为原核生物界、普罗斯特细菌门、劳尔氏菌属的青枯劳尔氏菌 [*Ralstonia solanacearum* (Smith) Yabuuchi]。病原细菌在NA培养基上呈乳白色，黏稠。菌体短杆状，极生1～3根鞭毛，革兰氏染色阴性（图3-15）。

扦插苗急性型青枯

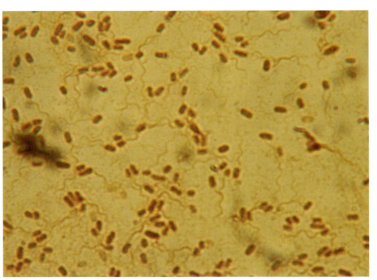
极生1～3根鞭毛的短杆状细菌

图3-15　桉树青枯病田间症状及病原细菌形态（李增平 摄）

【发病规律】 病菌可在病株残体、土壤中存活多年。病菌在田间通过地表流水、风雨传播到根部或扦插枝条的伤口处侵入引起初侵染，带病苗木的调运传播发病后的溢出菌脓通过风雨传播不断进行再侵染，是引起幼龄桉树青枯病发病严重的主要原因之一。土壤 pH 6 ~ 8，温度 33 ~ 35℃、相对湿度80%以上的高温多雨季节发病严重，7—9月是病害发生的高峰期。尾叶桉、巨尾桉高度感病，赤桉、刚果 12 号桉、雷林 1 号桉、巨桉和柳桉等中度感病，柠檬桉和窿缘桉抗病。一般扦插生长6个月以上的桉树苗和 1 ~ 4 年生的幼树易发病。

【防治方法】

1. 科学选地育苗。不选种过木麻黄、柚木、辣椒、番茄、茄子和花生等青枯病菌寄主植物的地块育苗。选用桉树组培苗育苗，利用火烧土或黄泥土作营养土育苗。

2. 病区实行轮作和种植抗病品种。发生桉树青枯病的病区，砍伐后与非青枯病寄生植物进行轮作，或选种抗病的柠檬桉和窿缘桉等造林。

3. 搞好田园卫生。发病的地块开沟排水，及时清除病株并集中销毁。病穴用石灰粉或 1∶100 倍的福尔马林液等进行消毒。

桉树二孢假芝茎腐病

【分布及危害】　此病是海南桉树上新发现的一种重要茎干病害。在海南三亚、临高、澄迈、琼海等地均有发现。主要危害桉树基部茎干，导致茎干组织白腐，整株枯死。

【症状】　发病桉树树冠叶片失绿发黄，失水变褐干枯后脱落，小枝枯死，树冠稀疏，生长不良，重病株整株枯死，叶片脱落后变成光杆。潮湿季节在病株中下部茎干或茎基长出红褐色、黑褐色或黑色担子果，基部茎干组织白腐（图3-16）。

重病株整株枯死

茎基长的黑色担子果

茎基木质部组织白腐

茎干上生长的贝壳形担子果

茎干上生长的扇形担子果

茎干上生长的草帽形担子果

茎干上生长的黑色担子果　　　　　　　　　　　　　病株桩上生长的黑色担子果

图3-16　桉树二孢假芝茎腐病田间症状（李增平 摄）

【病原】　为担子菌门、层菌纲、非褶菌目、假芝属的二孢假芝 [*Amauroderma subresinosum* (Murrill) Corner]。担子果通常一年生，无柄，单生或多个连生，菌盖扇形、草帽形或贝壳形，上表面有明显同心环带和放射状纵纹；弱光、阴暗环境中生长的担子果较厚实，上表面中央突起呈黑色，近边缘处红褐色，边缘橙黄色，下表面灰白色；强光、空旷环境中生长的担子果较扁平，上表面呈红褐色，边缘橙黄色或黄褐色，下表面浅黄色；老化干燥的担子果边缘下垂，菌盖皱缩呈草帽形，上表面及边缘变黑褐色，下表面污白色；担子果大小（10～20）cm×（15～27）cm，基部厚1.2～3.6cm；成熟担孢子呈椭圆形，顶端钝圆，基部变小呈喙状，无色单胞，内含一个大油滴，大小（10.45～15.31）μm×（3.2～5.6）μm（图3-17）。

强光、空旷环境中生长的扇形担子果　　　　　　　　　担子果下表面浅黄色

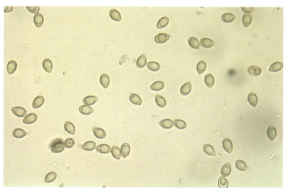

弱光、荫蔽环境中生长的担子果　　　　　　　　　　　成熟担孢子

图3-17　田间发病桉树上生长的二孢假芝形态（李增平 摄）

【发病规律】 病菌担子果产生担孢子后，通过气流传播到桉树茎基伤口或茎干上的断口处侵入定殖，扩展后引起茎干木质部组织白腐，树冠叶片失绿发黄，枯枝。海南9—11月湿度大时，在病株茎干上、茎基部或死树桩上长出担子果。山坡顶及林缘生长的桉树易遭强风或台风损伤茎干而易发病；已发现的二孢假芝的寄主有桉树、木麻黄、马占相思、橡胶树、槟榔、大叶紫薇、荔枝、非洲楝等。

【防治方法】

1. **搞好林间卫生。** 定期伐除病死树并清除其上生长的病菌担子果，减少病菌侵染来源。

2. **加强栽培管理。** 台风过后及时处理断树，锯平断口并涂防水涂剂进行保护。

桉树南方灵芝茎腐病

【分布及危害】　此病是海南老龄桉树上零星发生的一种茎干病害。在海南定安、海口、儋州的桉树上有发现。主要危害桉树的茎干，造成桉树叶片发黄干枯，树冠稀疏，生长不良，重病株整株枯死。

【症状】　桉树发病前期表现为嫩枝失绿，树冠稀疏，生长不良，后期出现较多枯枝，重病株整株枯死，多雨潮湿季节在病株基部茎干侧面长出土褐色或褐色檐状担子果（图3-18）。

【病原】　为担子菌门、层菌纲、非褶菌目、灵芝属的南方灵芝 [*Ganoderma australe* (Fr.) Pat.]。担子果一年生，无柄，单层或多层层叠生长，呈舌形、扇形或不规则形，上表面土褐色或褐色，边缘白色，下表面灰白色。担孢子呈典型的南瓜子形，浅褐色。

【发病规律】　参阅木麻黄南方灵芝茎腐病。

【防治方法】　参阅木麻黄南方灵芝茎腐病。

病株枯枝，生长不良

重病株整株枯死

病株茎基长出担子果

担子果下表面灰白色

图3-18　桉树南方灵芝茎腐病田间症状（李增平　摄）

桉树褐根病

【分布及危害】 此病是海南桉树上发生较为严重的根部病害之一。在海南万宁、琼海、海口、儋州等地有发生。主要危害桉树的茎基及根系，造成桉树生长不良，树冠稀疏，枯枝，重病株整株死亡。

【症状】 发病幼龄桉树叶片失水褪绿，干缩卷曲，后期变灰白色干枯后脱落，死亡速度快，人工接种只需2个多月就整株枯死。大树顶端叶片先发黄后脱落，树冠稀疏，生长不良，枯枝，重病株整株叶片发黄干枯后死亡；病株茎基及病根木质部具渔网状单线褐纹，后期木质部组织干腐，多雨潮湿季节在病株茎基侧面或暴露病根下表面长出黑色的檐状担子果（图3-19）。

【病原】 为担子菌门、层菌纲、非褶菌目、木层孔菌属的有害木层孔菌（*Phellinus noxius* Corner）。病菌的担子果呈檐状，着生在病株茎基侧面，硬木质，无柄，半圆形，上表面黑褐色不平滑，边缘呈黄褐色，下表面灰褐色。

【发病规律】 参阅橡胶树褐根病。

【防治方法】 加强桉树林的栽培管理。定期巡查，发现病株及时砍除，并彻底挖除病株桩及病根，销毁后再补植小苗。

幼树叶片失水褪绿

叶片卷缩干枯

叶片变灰白色干枯脱落

大树发病后期整株枯死

茎基木质部的单线褐色渔网纹

病根木质部组织干腐

图3-19 桉树褐根病田间症状（李增平 摄）

桉树白粉病

【分布及危害】　此病是海南特殊年份在幼龄桉树上发生的一种叶部病害。在海南海口的桉树上有发现。主要危害桉树的叶片，造成叶片变紫褐色坏死，落叶，生长不良。

【症状】　桉树发病前期表现为叶片上呈现众多大小不一的圆形白粉状小斑，高温条件下白粉状小斑变紫褐色坏死，重病叶脱落，生长不良（图3-20）。

田间幼树发病症状

叶片上大小不一的圆形白粉斑

高温条件下病斑变紫褐色

图3-20　桉树白粉病田间症状（李增平 摄）

【病原】 为半知菌类、丝孢纲、丝孢目、粉孢属的粉孢菌（*Oidium* sp.）。病菌的分生孢子梗从表生菌丝上长出，无色，具1～2个隔膜；分生孢子串生于分子孢子梗顶端，卵圆形，单胞无色（图3-21）。

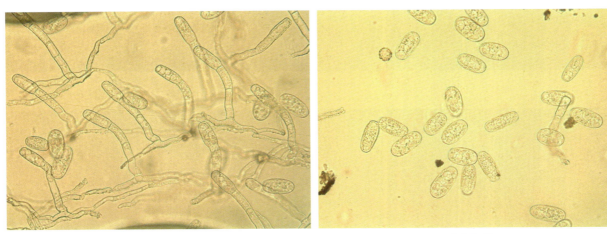

表生菌丝及分生孢子梗　　　　　　　　　　　　　　　分生孢子

图3-21　桉树白粉病病菌形态（李增平 摄）

【发病规律】 病菌以菌丝体在其他寄主上越冬越夏存活，条件适宜时产生的分生孢子通过气流传播到桉树新生嫩叶上，从表皮直接侵入引起发病，产生分生孢子后再次传播进行多次再侵染。每年3—4月低温、冷凉潮湿天气易发病。苗圃地低洼积水，湿度大，通风不良易发病。

【防治方法】 加强对桉树小苗和幼树的管理，入冬后除草通风，清沟排水降低田间湿度，增施肥料，提高苗木抗病力。发病初期选用硫磺粉或粉锈宁等农药喷粉防治。

桉树褐斑病

【分布及危害】　此病是桉树叶片上常见的重要真菌病害之一。在海南各地种植的桉树上均有发生。主要危害桉树叶片，造成叶片大面积坏死脱落，重病株生长不良。

【症状】　叶片发病，初期在叶面上呈现近圆形黄褐色小斑，病斑扩大后呈半圆形、近圆形或不规则形，病斑中央灰褐色或黄褐色，边缘灰绿色或浅褐色；多雨、潮湿条件下病斑表面轮生或散生大量小黑点状的分生孢子器，后期叶片大面积坏死，叶尖干枯易脱落。重病株大量落叶，生长不良（图3-22）。

【病原】　为半知菌类、腔胞纲、球壳孢目、盾壳霉属的桉盾壳霉（*Coniothyrium kallangurense* Sutton）。分生孢子器黑色，近球形，轮生或散生，孔口处乳头状。分生孢子梗短，产孢细胞瓶形。分生孢子椭圆形，褐色，厚壁，单胞，大小（6.0 ～ 13.8）μm×（5.0 ～ 5.5）μm。

【发病规律】　病菌以菌丝体和分生孢子器在病叶组织上越冬。翌年条件适宜时产生分生孢子，借风雨传到桉树叶片上，从表皮和伤口侵入引起发病，再产生分生孢子传播进行多次再侵染。荫蔽潮湿、杂草丛生、管理差、缺肥的幼龄桉树易发病。

【防治方法】　加强对幼龄桉树的栽培管理，定期除草，雨季清沟排水，降低林间湿度。对幼龄桉树适当施肥，增强植株抗病力。

叶片上的黄褐色近圆形小斑

黄褐色近圆形大斑

叶尖大面积坏死干枯

病斑边缘浅褐色

病斑上轮生小黑点状分生孢子器

图3-22　桉树褐斑病田间症状（李增平 摄）

桉树焦枯病

【分布及危害】　此病是木麻黄叶片上常见的重要真菌病害之一。在海南各地种植的桉树上均有发生。主要危害桉树叶片嫩枝梢，造成叶片和嫩梢坏死焦枯，重病株生长不良。

【症状】　叶片发病初期呈现针头大小的水渍状小斑，逐渐扩大呈圆形或不规则形的灰褐色云纹状坏死病斑，病斑边缘具浅褐色晕圈，病健分界不明显，多个病斑扩展汇合造成叶片的叶尖和叶缘大面积坏死干枯，卷曲、脆裂易脱落，似烧灼状；后期病斑变灰褐色或黄褐色。嫩梢发病，表面呈现近圆形或长条形的众多小斑点，病斑扩大汇合环绕嫩梢一圈后，嫩梢上部干枯死亡。高湿条件下在靠近地面的嫩梢和病叶的病斑上产生白色霉状物（图3-23）。

【病原】　为半知菌类、丝孢纲、丝孢目、帚梗柱孢属的帚梗柱枝菌（*Cylindrocladium quinqueseptatum*）。病菌分生孢子梗从菌丝上长出，无色，单生，直立，有 3 ～ 7 个分隔，呈扫帚状，有二叉或三叉分枝，每分枝顶端长有 2 ～ 4 个小梗，有的分生孢子梗其中央分枝突出伸长为不育丝状体，丝状体顶端膨大呈棍棒形；分生孢子无色，长圆棒形，具 1 ～ 5 个分隔，大小（60.1 ～ 108.0）μm×（4.8 ～ 7.2）μm（图3-24）。

【发病规律】　参阅桉树褐斑病。

【防治方法】　参阅桉树褐斑病。

病叶上的褐色云纹状病斑　　　　　　　　　　　枝条上的叶片焦枯

图3-23　桉树焦枯病田间症状（李增平 摄）

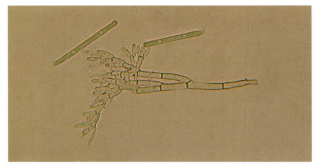
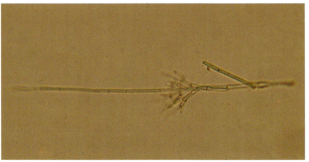

分生孢子梗和分生孢子　　　　　　　　　　分生孢子梗顶端的不育丝状体

图3-24　桉树焦枯病的帚梗柱枝菌形态（李增平 摄）

桉树无根藤寄生

【分布及危害】　此病是桉树上零星发生的寄生性种子植物病害之一。在海南文昌、海口、儋州等地均有发生。主要寄生在桉树的嫩枝和叶片，发病桉树生长不良，叶片失绿发黄。

【症状】　发病桉树嫩枝上长有绿色细线状的无根藤，被寄生的枝条叶片失绿发黄，易变褐干枯，病株生长不良（图3-25）。

【病原】　为被子植物门、双子叶植物纲、毛茛目、樟科、无根藤属的无根藤（*Cassytha filiformis* L.）。形态参阅木麻黄无根藤寄生。

【发病规律】　参阅木麻黄无根藤寄生。

【防治方法】　参阅木麻黄无根藤寄生。

被无根藤寄生的成龄桉树

枝条上垂下长长的无根藤

被无根藤寄生的幼龄桉树

嫩枝上寄生的无根藤

图3-25　桉树无根藤寄生田间症状（李增平　摄）

桉树桑寄生

【分布及危害】 此病是桉树上零星发生的寄生性种子植物病害之一。在海南海口、儋州、东方、定安、白沙等地有发生。主要寄生在桉树的枝条和茎干上，吸收桉树的水分和营养，导致桉树叶片发黄脱落，枯枝，生势衰弱。

【症状】 被寄生的桉树枝条或树干处肿大成瘤状或纺锤形，其上生长有桑寄生植物；发病桉树叶片发黄脱落，生势衰弱，枯枝，树冠稀疏（图3-26）。

【病原】 为被子植物门、桑寄生科、钝果寄生属的广寄生 [*Taxillus chinensis* (DC.) Danser]。形态参阅木麻黄桑寄生。

【发病规律】 参阅木麻黄桑寄生。

【防治方法】 参阅木麻黄桑寄生。

被桑寄生的桉树

病株生长不良

旱季被桑寄生的桉树

树冠稀疏、枯枝

图3-26 桉树桑寄生田间症状（李增平 摄）

三、榕树病害

榕树炭疽病

【分布及危害】　榕树炭疽病是海南榕树上的常见病害之一。主要危害榕树叶片，造成叶片大面积坏死，提早干枯脱落。

【症状】　主要危害叶片，不同种类的榕树炭疽病症状略有不同（图3-27）。

印度橡胶榕炭疽病：叶片发病，叶尖或叶缘呈现近圆形或不规则形棕褐色至褐色大病斑，病斑上具波浪形纹，边缘黑褐色，外围有明显黄色晕圈，后期病斑变灰白色，其上散生众多小黑点。

黄葛榕炭疽病：叶尖、叶缘呈现不规则形褐色病斑，病斑边缘具黑色坏死线，潮湿条件下，发病嫩叶病斑上长出粉红色黏液状孢子堆。

小叶榕炭疽病：发病初期叶片上出现褐色小点，后逐渐扩展成不规则形褐色至黑褐色病斑，病斑边缘具黑色坏死线，外周有黄色晕圈，潮湿条件下病斑上散生小黑点。

斜叶榕炭疽病：叶面呈现众多不规则形或多角形褐色斑，病斑边缘具黄色晕圈，病斑扩展汇合后造成叶片大面积变灰白色枯死，潮湿条件下病斑上散生小黑点。

印度橡胶榕叶尖的灰白色病斑

印度橡胶榕病斑上的波浪形纹和散生小黑点

黄葛榕嫩梢叶片上的不规则形褐斑

黄葛榕嫩叶病斑上的粉红色黏液状孢子堆

小叶榕病叶上具黄晕圈的褐色小斑

小叶榕黑褐色病斑边缘具黑色坏死线

斜叶榕病叶上具黄晕圈的不规则形褐色病斑

斜叶榕病叶上的多角形灰白色病斑

高山榕成叶叶尖、叶缘上的灰褐色病斑

高山榕嫩叶上的不规则形褐色病斑

大果榕嫩梢叶片发病症状

大果榕叶片上的褐色圆形小病斑

图3-27 榕树炭疽病田间症状（李增平 摄）

高山榕炭疽病：叶尖、叶缘、叶面呈现不规则形褐色或灰褐色病斑，嫩叶病斑边缘具黄色晕圈，潮湿条件下病斑上散生小黑点。

大果榕炭疽病：叶面呈现众多圆形褐色小斑，病斑边缘具黄色晕圈，病斑扩展汇合后形成不规则形褐色大斑，后期病斑中央组织变灰白色，潮湿条件下病斑上散生小黑点。

【病原】 为半知菌类、腔孢纲、黑盘孢目、刺盘孢属的多种炭疽菌（*Collelotrichum* spp.）。昆士兰炭疽菌（*C. queenslandicum*）引起黄葛榕、印度橡胶榕炭疽病，热带炭疽菌（*C. tropicale*）引起大果榕、高山榕炭疽病，暹罗炭疽菌（*C. siamense*）引起斜叶榕、小叶榕炭疽病（图3-28）。

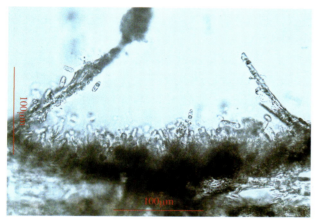

无刚毛的分生孢子盘

具刚毛的分生孢子盘

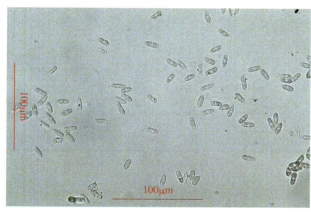

分生孢子

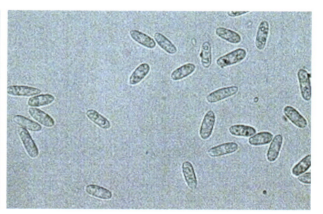

分生孢子（放大）

图3-28 榕树炭疽病病菌形态（李增平 摄）

【发病规律】 病菌以菌丝体或分生孢子盘在病残叶上越冬，成为翌年病害的主要初侵染源。通过风雨传播病菌的分生孢子到叶片上，从叶片损伤处或昆虫造成的小伤口处侵入，也可从叶片表皮细胞间隙或气孔侵入。气温高、湿度大、光照不足、通风不良及栽培管理粗放易发病，日灼和冷害严重时植株发病重，高温高湿及多雨季节发病较重。

【防治方法】

1.农业防治。加强栽培管理，及时施肥灌水，减少伤口，提高植株抗病力。

2.物理防治。冬季细致清园，及时摘除并销毁染病叶及病组织，减少田间传染源。

3.药剂防治。病害发生初期，选用50%多菌灵可湿性粉剂1 000倍液，或70%百菌清可湿性粉剂800倍液，或80%炭疽福美可湿性粉剂800倍液，或70%甲基硫菌灵可湿性粉剂800倍液，或25%苯菌灵·环己锌乳油800倍液，或25%溴菌腈可湿性粉剂500倍液等喷雾防治。

黄葛榕拟茎点霉叶斑病

【分布及危害】 此病在海南海口、陵水、儋州等地近海边生长的黄葛榕行道树上发生严重。主要危害黄葛榕的叶片，造成叶片大面积变褐坏死，重病叶提早黄化脱落。

【症状】 黄葛榕老叶易发病，在叶尖、叶缘上呈现褐色不规则形病斑，病斑上具波浪纹，病斑边缘具黄色晕圈，后期病斑变灰白色，其上散生小黑点状的分生孢子器，病斑边缘具一条较窄的深褐色坏死带，重病株病叶提早变黄脱落，树冠变稀疏（图3-29）。

【病原】 为真菌界、半知菌类、腔孢纲、球壳孢目、拟茎点霉属的拟茎点霉（*Phomopsis* sp.）。病菌分生孢子器扁球形，初埋生于病叶组织内，后突破表皮外露；分生孢子有 α、β 两型，α 型分生孢子无色单胞，纺锤形，多具 1 个油球，大小（5.5 ~ 10.0）μm×（2.0 ~ 4.5）μm；β 形分生孢子，无色单胞，线形，一端微弯曲，大小（10.0 ~ 22.5）μm×（0.6 ~ 1.7）μm（图3-30）。

【发病规律】 参阅非洲楝拟茎点霉叶斑病。

【防治方法】 参阅非洲楝拟茎点霉叶斑病。

叶片上的不规则形灰白色病斑　　　　　　　叶片上的不规则形褐色病斑

图3-29　黄葛榕拟茎点霉叶斑病田间症状（李增平 摄）

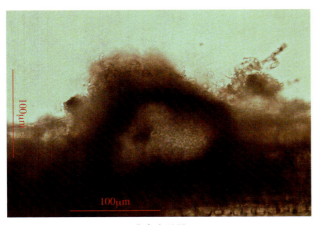
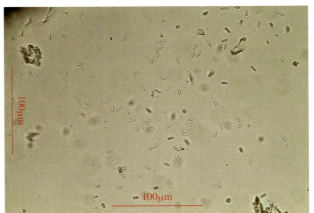

分生孢子器　　　　　　　　　　　　　α型分生孢子

图3-30　黄葛榕上的拟茎点霉形态（李增平 摄）

黄葛榕栓孔菌茎腐病

【分布及危害】　此病在海南海口、儋州等地生长的黄葛榕行道树上有零星发生。主要危害黄葛榕的茎干和根系，造成其木质部组织白腐，重病株叶片提早黄化脱落，整株枯死。

【症状】　生长多年的黄葛榕老树易发病，初期病株树冠上一侧枝条上的叶片逐渐失绿，变黄后脱落，继而小枝枯死，病情蔓延到整株树冠后，病株生势衰弱，树冠稀疏，潮湿多雨季节在病株茎基部及暴露于地表的根系上长出半圆形或近圆形、具柄或无柄的担子果。后期重病株整株枯死，病株茎干和病根的木质部组织呈白色海绵状湿腐（图3-31）。

病株一侧主枝发病枯死

主干发病后整株叶片失绿发黄

重病株整株枯死

病根木质部组织海绵状湿腐

病害通过黄葛榕根系的自然嫁接相连蔓延

病株茎基长出檐状的担子果　　　　　　　　　　　病株病根上长出檐状的担子果

图3-31　黄葛榕栓孔菌茎腐病田间症状（李增平 摄）

【病原】 为真菌界、担子菌门、层菌纲、多孔菌目、栓孔菌属的伸展黑柄栓孔菌 [*Whitfordia scopulosa* (Berk.) Núñez & Ryvarden] ≡ [*Trametes scopulosa* (Berk.) Bers.]。担子果一年生，多数无柄，少数侧生黑色短柄，单生或呈覆瓦状群生于病株茎基部侧面和暴露于地表的病根侧面；菌盖半圆形或扇形，光线较强时生长的担子果上表面呈黄白色，光线较暗时生长的担子果上表面呈黄褐色；菌盖表面光滑，具明显的环带和环纹，边缘白色，下表面灰白色，密布小孔；老熟的担子果中央呈灰白色，下表面呈灰褐色，大小（3.8 ～ 13.5）cm×（2.3 ～ 8.5）cm，基部厚6.3 ～ 12.8mm，边缘厚1.6 ～ 3.0mm；短柄表面黑色，长1.1 ～ 8.1cm，粗0.5 ～ 3.3cm。担孢子呈窄椭圆形，无色，薄壁，大小（5.2 ～ 8.3）μm×（1.8 ～ 3.1）μm（图3-32）。

【发病规律】 病菌在枯死树木倒干和树桩内存活越冬，条件适宜时产生担子果释放担孢子，通过气流传播到黄葛榕茎干的虫伤或机械伤伤口处侵入引起发病。病株从发病到整株死亡需3 ～ 4年。在病害发生区，病根木质部中的菌丝可通过相邻榕树间发达侧根的自然嫁接相连向周围扩展蔓延。土壤偏酸、黄葛榕植株生长衰弱时易发病。

光线较强时生长的担子果为黄白色　　　　　　　　光线较暗时生长的担子果为黄褐色

具黑柄的担子果

连生的担子果

图3-32　黄葛榕上生长的伸展黑柄栓孔菌茎腐病形态（李增平 摄）

【防治方法】

1.加强栽培管理。日常管理中防止黄葛榕的茎干受虫伤或机械伤，对暴露的根系进行覆土，挖除病死株及重病株，晒干后烧毁，彻底消灭侵染源。

2.药剂防治。撒石灰调节发病黄葛榕植株根系土壤的pH到中性以上。对黄葛榕的基部茎干进行涂白保护。

小叶榕褐根病

【分布及危害】 此病在海南海口、澄迈等地均有发生。主要危害小叶榕的根系，造成小叶榕根系白腐，地上部枝叶枯死，重病株整株死亡。

【症状】 发病植株叶片失绿，继而发黄脱落，小枝枯死，有时在病株茎基形成烂洞，后期整株死亡。病株病根表面和担子果表面粘泥沙凹凸不平，长有铁锈色菌膜和黑色薄而脆的革质菌膜，病根木质部组织白腐，木质部表面和内部长有单线渔网状褐纹，潮湿条件下病株茎基上长有灰褐色硬壳状或黑色檐状担子果，重病株整株死亡（图3-33）。

【病原】 为担子菌门、层菌纲、非褶菌目、木层孔菌属的有害木层孔菌（*Phellinus noxius* Corner）。担子果生长于病株茎基，呈黑褐色硬壳状或檐状，上表面黑褐色，下表面灰褐色，边缘黄白色（图3-34）。

【发病规律】 病菌担子果产生的担孢子借风雨传播到榕树的茎干基部伤口处，在适宜的条件下萌发侵入引起茎基组织白腐，继而扩展到地下根系，造成根系白腐死亡，并可通过病根与邻近榕树的健根接触而不断蔓延形成中心病区。田间观察到此病的侵染来源可来自发生褐根病的非洲楝、火炬树等病株的树桩。

病株叶片失绿、发黄后脱落，树冠稀疏　　　　　　　　　　病株树冠小枝枯死

病根表面粘泥沙凹凸不平，长有铁锈色菌膜　　　　　　　　病根表面的黑色革质菌膜

病根表面的渔网状单线褐纹

病根上的硬壳状担子果

病株茎基形成的烂洞

病株茎基生长的檐状担子果

图3-33 小叶榕褐根病田间症状（李增平 摄）

老化的担子果上表面黑褐色

担子果下表面灰褐色，不平滑

新生的檐状担子果   担子果下表面灰褐色

图3-34　小叶榕褐根病病菌的担子果（李增平　摄）

【防治方法】

1.**保护树干茎基**。对被强风吹断的大枝条伤口及时进行锯平，以利其快速愈合，预防病菌孢子的侵染定殖。用割草机除草时避免打伤茎干。

2.**茎干涂白**。使用涂白剂定期涂刷茎干基部进行保护。

3.**彻底清除病死株**。病死植株彻底挖除并销毁，以防止其长出担子果后产生担孢子传播或通过病健根接触传播扩大侵染。

小叶榕粗毛盖孔菌茎腐病

【分布及危害】　此病是海南海口的小叶榕上零星发生的一种茎干病害。主要危害小叶榕的茎干，造成茎干组织白腐，病株叶片发黄脱落，树冠稀疏，生长不良，重病株枯死。

【症状】　小叶榕发病前期表现为树冠嫩枝上的叶片失绿，发黄脱落，树冠稀疏，生长不良，后期出现枯枝，重病株枯死，多雨潮湿季节在病株茎干侧面长出黄褐色担子果（图3-35）。

【病原】　为担子菌门、层菌纲、非褶菌目、粗毛盖孔菌属的担子菌（*Funalia* sp.）。担子果一年生，单生或叠生、连生，檐状，扇形，新生担子果黄褐色，环带不明显，菌盖表面布满扎手的粗毛，老化担子果表面具多条明显突起的同心环带，中央至基部呈黄绿色，边缘呈黄褐色，下表面呈黄白色（图3-36）。

【发病规律】　病菌在枯死树木倒干和树桩内存活越冬，条件适宜时产生担子果释放担孢子，通过气流传播到小叶榕茎干的虫伤或机械伤伤口处侵入引起发病。病株从发病到整株死亡需3～4年。小叶榕植株生长衰弱时易发病。

【防治方法】　日常管理中防止小叶榕的茎干受虫伤或机械伤，彻底挖除病死株及重病株，晒干后烧毁，彻底消灭侵染源。同时对小叶榕的基部茎干进行涂白保护。

病株生长不良　　　　　　　　茎干上长出檐状担子果　　　　　　　茎干上长大的扇形担子果

图3-35　小叶榕粗毛盖孔菌茎腐病田间症状（李增平　摄）

新生具粗毛的黄褐色檐状担子果　　　　　　　　老熟的担子果基部呈黄绿色

图3-36　小叶榕上生长的担子菌菌形态（李增平　摄）

榕树南方灵芝茎腐病

【分布及危害】　此病是海南老龄榕树上发生的一种常见重要茎干病害。在海南各市县种植的黄葛榕和小叶榕上均有发现。主要危害榕树的茎干，造成榕树叶片发黄干枯，树冠稀疏，生长不良，重病株整株枯死。

【症状】　榕树发病前期表现为嫩枝失绿，树冠稀疏，生长不良，后期出现较多枯枝，重病株整株枯死，多雨潮湿季节在病株基部茎干侧面长出土褐色或褐色檐状担子果（图3-37）。

【病原】　为担子菌门、层菌纲、非褶菌目、灵芝属的南方灵芝 [Ganoderma australe (Fr.) Pat.]。担子果一年生到多年生，无柄或具短柄，单层或多层层叠生长，呈舌形、扇形、半圆形或不规则形，上表面土褐色或褐色，潮湿时呈黑褐色、边缘白色、下表面灰白色，干燥的担子果下表面灰褐色。担孢子呈典型的南瓜子形，浅褐色，新鲜担孢子基部具透明的喙状突起，中央具一个较大油滴，老熟担孢子基部平截（图3-38）。

小叶榕病株树冠稀疏，枯枝

小叶榕病株茎干上长出檐状担子果

小叶榕病株茎基上长出檐状担子果

小叶榕病株茎干上长出檐状担子果

黄葛榕病株树冠稀疏

黄葛榕病株茎干上长出檐状担子果

图3-37　榕树南方灵芝茎腐病田间症状（李增平 摄）

黄葛榕上的南方灵芝担子果

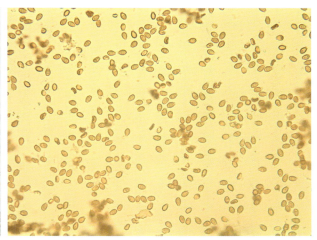

黄葛榕上的南方灵芝担孢子

小叶榕上的南方灵芝担子果

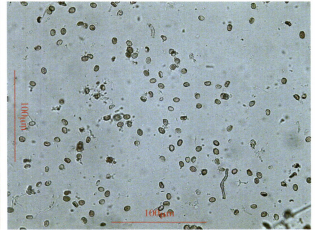

小叶榕上的南方灵芝担孢子

图3-38　榕树上生长的南方灵芝形态（李增平 摄）

【发病规律】 病菌以菌丝体或担子果在病死榕树的立干、倒干、树头的病组织上或其他发病寄生上存活越冬，条件适宜时产生担孢子借气流或风雨传播到榕树茎干上的机械伤、虫蛀伤、火烤伤等伤口处侵入定殖引起发病。多雨、潮湿的天气有利于发病，榕树树龄大，生境荫蔽、潮湿、通风不良等发病重。南方灵芝的寄主较多，有椰子、槟榔、油棕、木麻黄、橡胶树、构树、非洲楝、相思树、芒果等。

【防治方法】

1.**加强榕树的栽培管理**。定期清除病死树的茎干和树头并集中销毁；雨季清沟排水，降低林间湿度。

2.**药剂防治**。定期施杀虫剂防治危害榕树茎干的白蚁等害虫。必要时对重要的大树在入冬前用树木涂白剂进行基部茎干的涂白保护。

榕树热带灵芝根腐病

【分布及危害】　此病在海南澄迈、海口等地有发生。主要危害小叶榕、黄葛榕的根系，造成其根系白色海绵状湿腐，地上部叶片失绿、发黄、生长不良，小枝枯死，重病株整株死亡。

【症状】　发病植株树冠叶片失绿，发黄后脱落，生长不良，小枝枯死，树冠稀疏，重病株整株死亡，病根木质部组织海绵状湿腐。潮湿条件下病株茎基及暴露于地表的病根上长出红褐色或黄褐色檐状、倒圆锥形担子果（图3-39）。

黄葛榕病株叶片失绿发黄

黄葛榕病株早落叶、迟抽叶

黄葛榕病株树根上长出红褐色担子果

黄葛榕病株茎基部长出红褐色担子果

小叶榕病株生长不良

小叶榕病株茎基部长出红褐色檐状担子果

图3-39　榕树热带灵芝根腐病田间症状（李增平　摄）

【病原】 为担子菌门、层菌纲、非褶菌目、灵芝属的热带灵芝 [*Ganoderma tropicum* (Jungh.) Bres.]。担子果生长于病株茎基、暴露病根的侧面，通常一年生，单生，有短柄；幼小担子果边缘白色，厚实；成熟担子果菌盖呈半圆形、倒圆锥形，大的担子果上表面叠生小担子果，表面凹凸不平，黄褐色，大小（11.1 ~ 25.3）cm×（12.2 ~ 20.4）cm，基部厚5.1 ~ 7.2cm，边缘厚钝，黄白色，边缘厚0.8 ~ 1.4cm；下表面灰白色，基部厚5.1 ~ 7.2cm；柄呈漆红色，长5.1 ~ 7.8cm，粗1.4 ~ 6.1cm（图3-40）。

小叶榕茎干上生长的热带灵芝

黄葛榕病根上生长的热带灵芝

黄葛榕上生长的具柄热带灵芝

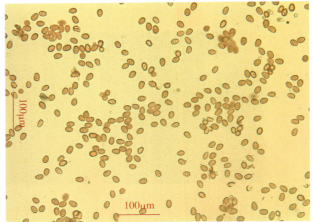

黄葛榕上生长的热带灵芝担孢子

图3-40 榕树上生长的热带灵芝形态（李增平 摄）

【发病规律】 病菌担子果产生的担孢子借气流传播到榕树的茎干基部伤口处或病根与健根接触传播，在适宜的条件下侵入引起茎基组织或根系白腐。发病榕树早落叶、迟抽叶，且抽叶不整齐，从显症到整株死亡需3 ~ 5年或更长时间，在海南4—5月病株基部或暴露的病根上易长出担子果。

【防治方法】

1.**保护树干茎基**。田间除草时避免损伤茎干表皮，预防病菌担孢子通过气流传播到伤口处侵染定殖。

2.**彻底清除病死株及其生长的担子果**。病死植株连同病根一起彻底挖除并销毁，以防止其生长担子果，产生担孢子传播扩大侵染。

小叶榕黑纹根病

【分布及危害】　此病发现于海南海口生长多年的作为行道树的小叶榕上。主要危害小叶榕的基部茎干和根系，导致小叶榕基部茎干和根部组织白腐，黄叶枯枝，生长不良，最后整株枯死。

【症状】　田间发病的小叶榕叶片失绿，发黄后脱落，后期小枝枯死，重病株整株枯死。茎基横截面上可见木质部长有波浪形黑色线纹，有的黑色线纹闭合成圆圈状，木质部组织白腐（图3-41）。

病株叶片失绿、变黄脱落

病株顶端呈现枯枝

病株茎基木质部组织白腐

病株茎基木质部长有波浪形黑色线纹

图3-41　小叶榕黑纹根病症状（李增平 摄）

【病原】　为子囊菌门、核菌纲、球壳目、焦菌属的一种木腐菌（*Ustulina* sp.）。

【发病规律】　病菌产生的孢子通过空气传播到榕树茎基伤口和枝条断口处侵入定殖，扩展后引起茎干和根系木质部组织白腐，破坏其输导功能，导致病株枝叶营养缺乏，最后整株死亡。

【防治方法】　参考小叶榕褐根病。

印度橡胶榕疫病

【分布及危害】 此病发现于海南海口生长多年的印度橡胶榕上。主要危害印度橡胶榕的下层叶片和茎基萌生枝条上的叶片，导致叶片大面积坏死，变黄脱落。

【症状】 叶片发病，病斑多出现于叶尖或叶缘，有时也出现于叶面，叶片发病初期呈现褐色圆形小斑点，中央略凹陷，边缘具明显黄色晕圈，继而扩展为不规则形黑褐色大病斑，病斑表面溢出白色半透明状的凝胶，部分病斑上具明显黑色同心轮纹，重病叶易发黄脱落（图3-42）。

嫩叶上的具黄晕圈的褐色小圆斑

嫩叶叶缘的不规则形深褐色大斑和白色溢胶

嫩叶上近圆形的褐色大病斑

嫩叶上具同心轮纹和溢胶的褐色病斑

田间发病严重的嫩梢

成叶上具黄晕圈的褐色小圆斑

成叶上的黑褐色病斑和白色凝胶 　　　　　　　　成叶上具同心轮纹的黑褐色病斑

图3-42　印度橡胶榕疫病田间症状（李增平 摄）

【病原】　为藻物界、卵菌门、卵菌纲、霜霉目、疫霉属的卵菌（*Phytopthora* sp.）。菌丝无隔无色，产生厚垣孢子，菌丝上可见菌丝膨大体（图3-43）。

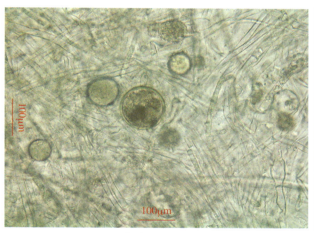
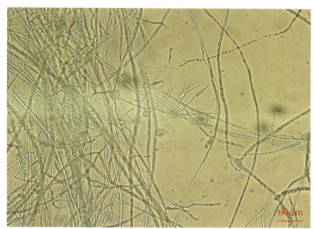

厚垣孢子和孢子囊 　　　　　　　　　　　　　菌丝无隔具膨大体

图3-43　印度橡胶榕疫病病菌形态（李增平 摄）

【发病规律】　病菌为土壤习居菌，寄主较多，条件适宜时产生游动孢子通过风雨传播到榕树茎基新生嫩梢叶片上或下层离地面较近的老叶上，从叶片伤口、叶缘水孔侵入引起发病。发病后产生孢子囊和游动孢子不断传播进行再侵染。多雨、潮湿季节易发病。

【防治方法】

1. **加强栽培管理**。雨季前对印度橡胶榕进行适当修剪，剪除茎基萌生的枝梢、下垂枝，砍除树盘周围杂草，使其下部通风透光，发病初期剪除病叶销毁。

2. **病株处理**。轻病株要及时开沟排水，清除发病根系并销毁，喷淋杀菌剂进行保护。

印度橡胶榕裂褶菌茎腐病

【分布及危害】 此病发现于海南海口生长多年的印度橡胶榕上。主要危害印度橡胶榕的基部茎干，导致印度橡胶榕基部茎干组织白腐，黄叶枯枝，生长不良，重病株整株枯死。

【症状】 田间印度橡胶榕茎干或根系发病后，其上部生长的叶片失绿，发黄后脱落，后期小枝枯死，重病株整株枯死。基部茎干和根系表皮组织变褐坏死，内部组织白腐，潮湿多雨季节在发病的茎干表面长出扇形的灰白色担子果（图3-44）。

基部茎干发病症状　　　　　　中部茎干发病症状　　　　　　基部根系发病症状

发病茎干上长出灰白色扇形担子果　　　　　发病根系上长出灰白色扇形担子果

图3-44　印度橡胶榕裂褶菌茎腐病田间症状（李增平 摄）

【病原】 为担子菌门、层菌纲、非褶菌目、裂褶菌属的裂褶菌（*Schizophyllum commune* Fr.）。

【发病规律】 病菌产生的孢子通过空气传播到榕树茎干或根系受日灼后的伤口处侵入定殖，扩展后引起茎干和根系组织白腐，重修剪后，东面、西面的茎干和根系受日灼后易发病。

【防治方法】

1.**茎干涂白**。榕树修剪后，对易受日灼的茎干和根系使用涂白剂进行涂刷保护，防止日灼受伤后被病菌侵染。

2.**加强栽培管理**。病株清除发病部位的表皮组织，同时增施肥料和淋水，促进病株恢复。

榕树根癌病

【分布及危害】 此病发现于海南海口、儋州、琼中生长多年的小叶榕和黄葛榕上。主要危害榕树的基部茎干，导致榕树基部茎干长出木栓化肿瘤，发病植株黄叶枯枝，生长不良。

【症状】 田间发病的小叶榕、黄葛榕茎干及根茎处长有大小不一、表面凹凸不平的木栓化肿瘤，肿瘤上长出的枝条纤弱，叶片变小，发黄脱落，小枝枯死，病株生长衰弱（图3-45）。

小叶榕茎干上的木栓化肿瘤

长有肿瘤的小枝条叶片发黄易枯死

黄葛榕茎干上的木栓化肿瘤

黄葛榕茎基长出的木栓化肿瘤

图3-45 榕树根癌病田间症状（李增平 摄）

【病原】 为原核生物界、普罗斯特细菌门、土壤杆菌属的根癌土壤杆菌 [*Agrobacterium tumefactions* (Smith at Towns.) Conn.]。细菌菌体短杆状，大小（0.4 ~ 0.8）μm×（1.0 ~ 3.0）μm。一端极生1 ~ 4根鞭毛。革兰氏染色阴性。温度22℃、pH7.3时最宜其生长发育。

【发病规律】 病菌在病瘤中和土壤中存活越冬，可存活多年。条件适宜随雨水、灌溉水、昆虫携带传播，也可随带病种苗调运做远距离传播。主要从榕树茎干上的机械伤、虫伤等伤口处侵入引起发病，经数周或1年以上形成肿瘤。偏碱、湿度大的砂壤土中种植的榕树易发病，根茎部伤口多发病重。由于榕树的根系发达，恢复能力强，田间榕树发病后向四周扩展较慢，病株不会枯死。

【防治方法】

1.**农业防治**。加强栽培管理，种植无病健康种苗，减少对榕树基部茎干和茎基造成损伤。对病株加强肥水管理，增强植株抗病力。

2.**物理防治**。重病株连根一同挖除销毁，轻病株茎干上的小肿瘤用刀切除销毁。

3.**药剂防治**。轻病株切除肿瘤后可选用乙蒜素300 ~ 400倍液，或5%硫酸亚铁液，或甲冰碘液（甲醇:冰醋酸:碘片＝50:25:12），或波尔多浆涂抹伤口。

榕树煤烟病

【**分布及危害**】 此病是榕树上常见的病害之一。主要危害榕树的叶片，造成叶片光合作用下降，生长不良。以小叶榕、高山榕发病较为严重。

【**症状**】 发病榕树叶片上呈现一层黑色煤烟状物，病株生长不良（图3-46）。

【**病原**】 为子囊菌门、腔菌纲、座囊菌目、煤炱属的真菌（*Capnodium* sp.）（图3-47）。

【**发病规律**】 参阅椰子煤烟病。

【**防治方法**】

1. **农业防治**。榕树的种植不宜过密，并适时修剪，以利通风透光，降低林间湿度。

2. **药剂防治**。及时喷施杀虫剂防治介壳虫等刺吸式口器害虫。病害发生严重时，可选用代森铵、灭菌丹等药剂喷雾防治。

高山榕枝条发病症状

高山榕病叶上的黑色煤烟状物

小叶榕枝条发病症状

小叶榕病叶上的黑色煤烟状物

图3-46 榕树煤烟病田间症状（李增平 摄）

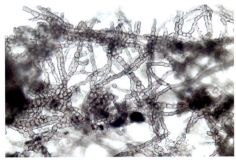
病菌菌丝上的圆形细胞

病菌上的分生孢子器

图3-47 榕树煤烟病病菌形态（李增平 摄）

大果榕黑痣病

【分布及危害】 此病分布在海南、福建等地。主要危害大果榕的叶片，造成叶片失绿发黄，早衰脱落，影响其景观及生长。

【症状】 叶片发病初期呈现褐色圆形小斑点，具明显黄色晕圈，后期在黄色晕圈边缘长出一圈环状黑亮子座，重病叶片提早发黄后脱落（图3-48）。

大果榕叶片发病症状 病叶上的圆圈状黑亮子座

图3-48 大果榕黑痣病田间症状（李增平 摄）

【病原】 为真菌界、子囊菌门、核菌纲、球壳目、黑痣菌属的榕黑痣菌（*Phyllachora ficuum* Nies）。子座在大果榕的叶片表面呈圆圈状群生或散生，不规则形或圆形，黑亮。子囊棒形，具短柄，子囊孢子椭圆形（图3-49）。

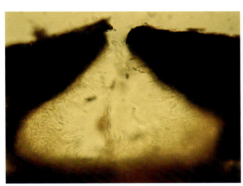 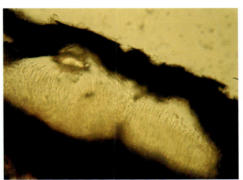

子座内单生的子囊壳 子座内连生的子囊壳

图3-49 大果榕黑痣病病菌形态（李增平 摄）

【发病规律】 病菌以子囊壳和子囊孢子在病叶上的子座内越冬，翌年条件适宜时释放出子囊孢子，借风雨传播到大果榕新抽叶片上，从表皮直接侵入引起发病。此病在海南7—9月的台风雨季节易发病。潮湿通风不良发病重。

【防治方法】

1.农业防治。加强栽培管理，增施肥料，增强植株抗病力，发病初期摘除病叶销毁。

2.药剂防治。发病初期选用波尔多液、代森锰锌等药剂喷雾防治。

大果榕白绢病

【分布及危害】 此病是野生大果榕树上零星发生的病害之一。主要危害大果榕的果实，造成果实腐烂。

【症状】 发病大果榕基部茎干上所结的触地果实易发病，病果上呈现繁茂的白绢状菌索，腐烂的病果和果柄上长有直径约1mm的白色颗粒状菌核（图3-50）。

【病原】 为半知菌类、丝孢纲、无孢目、小核菌属的齐整小核菌（*Capnodium* sp.）。

【发病规律】 阴暗潮湿，通风不良，近河沟、溪流边生长的果榕触地果实易发病。

【防治方法】 清除发病果实并销毁。

田间发病的大果榕果实

病果上的白绢状菌索

病果上的白色小球形菌核

病果上的白色和褐色小球形菌核

图3-50 大果榕白绢病田间症状（李增平 摄）

菩提树漆斑病

【分布及危害】　此病是海南菩提树上发生严重的叶部病害之一。在海南海口等地有发现。主要危害菩提树的叶片，造成叶片失绿发黄，脱落枯死。

【症状】　菩提树叶片发病初期产生褪绿的点状褐色病斑，病斑边缘呈紫红色，继而逐渐扩大成圆形、近圆形或梭形大斑，后期病叶上长出众多亮黑色隆起的不规则形块状漆斑，漆斑之间彼此分离或互相连接，发病叶片提前变黄脱落（图3-51）。

【病原】　有性世代属子囊菌门、盘菌纲、痣斑盘菌属的盘菌（*Rhytisma* sp.）。无性世代为半知菌类、腔孢纲、黑盘孢目、漆斑菌属的真菌（*Melasmia* sp.）。病菌分生孢子盘生于黑亮子座上，扁平形，分生孢子线形，无色单胞；子囊盘在越冬后病落叶的子座上产生，子囊孢子无色、线形、单胞（图3-52）。

【发病规律】　病菌以菌丝体和分生孢子在病落叶的黑色子座上越冬，翌春3—4月产生子囊盘释放出子囊孢子，借风雨传播到嫩叶上直接侵入进行初侵染。病叶上出现黑色漆斑后，形成分生孢子盘产生分生孢子，借气流传播进行再侵染。地势低洼，潮湿且通风不良，或遇连续阴雨天气，此病易大发生和流行。病菌除寄生菩提树外，还可寄生在三角枫、槭树等植物。

嫩梢发病症状

嫩叶上呈盾状突起的黑亮漆斑

成叶上呈盾状突起的黑亮漆斑

老叶上呈盾状突起的黑亮漆斑

病叶易失绿发黄脱落

因病落叶严重的菩提树

图3-51　菩提树漆斑病田间症状（李增平　摄）

病菌子座内生长的扁平分生孢子盘

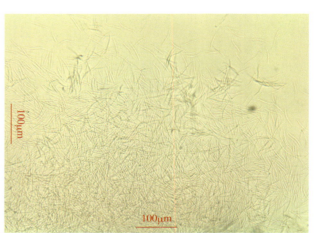

无色线形的分生孢子

图3-52　菩提树漆斑病病菌形态（李增平　摄）

【防治方法】

1.加强栽培管理。秋季结合修剪清除病落叶并进行集中销毁。春季定期巡查，发现病叶及时摘除销毁。

2.药剂防治。发病初期，选用80%代森锌可湿性粉剂600～800倍液、25%咪鲜胺乳油500～600倍液、75%百菌清可湿性粉剂800倍液、嘧菌酯等药剂喷雾防治，连喷2～3次，每次施药后间隔7～10天。

菩提树黑痣病

【分布及危害】　此病分布在海南、福建等地。主要危害菩提树的叶片，造成叶片失绿发黄，早衰脱落，影响其景观及生长。

【症状】　发病叶片上长出分散的小点状黑亮子座，后期子座周围组织变褐坏死，病叶发黄后脱落（图3-53）。

【病原】　为真菌界、子囊菌门、核菌纲、球壳目、黑痣菌属的匍匐黑痣菌 [*Phyllachora repens* (Corda) Sacc.]。

【发病规律】　病菌以子囊壳和子囊孢子在病叶上的子座内越冬，翌年条件适宜时释放出子囊孢子，借风雨传播到菩提树新抽叶片上，从表皮直接侵入引起发病，潜育期约30天。此病在海南2—4月易发病。冷凉潮湿、通风不良发病重。

【防治方法】

1.农业防治。加强栽培管理，增施肥料，增强植株抗病力，发病初期摘除病叶并销毁。

2.药剂防治。发病初期选用波尔多液、代森锰锌等药剂喷雾防治。

嫩梢叶片发病症状

病叶上呈现分散突起的小点状黑亮子座

多个小点状黑亮子座聚生在一起

子座下的组织变褐坏死

图3-53　菩提树黑痣病田间症状（李增平　摄）

菩提树褐根病

【分布及危害】 此病在海南海口、儋州等地均有发生。主要危害菩提树的根系，造成菩提树根系白腐，地上部枝叶枯死，重病株整株死亡。

【症状】 发病植株叶片失绿，继而发黄脱落，小枝枯死，后期整株死亡。病株病根表面长有铁锈色菌膜和黑色薄而脆的革质菌膜，病根木质部组织白腐，木质部表面长有单线渔网状褐纹，重病株整株死亡（图3-54）。

【病原】 为担子菌门、层菌纲、非褶菌目、木层孔菌属的有害木层孔菌（*Phellinus noxius* Corner）。

【发病规律】 参阅小叶榕褐根病。

【防治方法】 参阅小叶榕褐根病。

轻病株叶片失绿发黄

重病株整株枯死

路边发病中心

病根表面的铁锈色菌膜

病根表面的褐色渔网纹

图3-54 菩提树褐根病田间症状（李增平 摄）

小叶榕菟丝子寄生

　　【分布及危害】　此病是小叶榕上零星发生的寄生性种子植物病害之一。在海南海口、儋州、万宁等地有发生。主要寄生小叶榕的嫩枝和叶片，发病小叶榕生长不良，叶片失绿发黄，变褐枯死。

　　【症状】　发病小叶榕嫩枝和叶片上长有紫红色粗线状的菟丝子，被寄生枝条上的叶片失绿发黄，易变褐干枯，树冠稀疏，枯枝，重病株生长不良（图3-55）。

　　【病原】　为被子植物门、旋花科、菟丝子属的日本菟丝子（*Cuscuta japonca* Choisy）。茎肉质，粗线状，黄白色至紫红色。海南发现的寄主有海桑、小叶榕、重阳木、黄瑾等。

　　【发病规律】　参阅木麻黄菟丝子寄生。

　　【防治方法】　参阅木麻黄菟丝子寄生。

小叶榕田间症状

小叶榕枝叶上生长的日本菟丝子

被日本菟丝子寄生的小叶榕生长不良

被寄生的小叶榕嫩梢

图3-55　小叶榕菟丝子寄生田间症状（李增平　摄）

小叶榕无根藤寄生

【分布及危害】 此病是小叶榕上常见的寄生性种子植物病害之一。在海南万宁、海口、儋州、陵水、昌江等地均有发生。主要寄生小叶榕的嫩枝和叶片，发病小叶榕生长不良，叶片失绿发黄，变褐脱落。

【症状】 发病小叶榕嫩枝和叶片上长有绿色或黄绿色细线状的无根藤，被寄生的叶片失绿发黄，易变褐干枯，病株生长不良，嫩梢易枯死（图3-56）。

【病原】 为被子植物门、双子叶植物纲、毛茛目、樟科、无根藤属的无根藤（*Cassytha filiformis* L.）。形态特征参阅木麻黄无根藤寄生。

【发病规律】 参阅木麻黄无根藤寄生。

【防治方法】 参阅木麻黄无根藤寄生。

强光、干旱条件下发病的小叶榕枝叶上生长黄绿色的无根藤

多雨、潮湿条件下发病的小叶榕枝叶上生长绿色的无根藤

图3-56 小叶榕无根藤寄生田间症状（李增平 摄）

榕树桑寄生

【分布及危害】 此病是小叶榕、黄葛榕上发生严重的寄生性种子植物病害之一。在海南海口、儋州、东方、白沙、琼中等地有发生。主要寄生小叶榕、黄葛榕的枝条和茎干，也能寄生高山榕，吸收植株的水分和营养，导致病株叶片发黄脱落，生势衰弱，枝条枯死。

【症状】 被寄生的小叶榕、黄葛榕枝条或树干处肿大成瘤状或纺锤形，其上生长有桑寄生植物；发病小叶榕、黄葛榕枝条上的叶片发黄脱落，生势衰弱，小枝回枯，寄生严重的小叶榕、黄葛榕枝条大量枯死（图3-57）。

【病原】 为被子植物门、桑寄生科、钝果寄生属的广寄生 [*Taxillus chinensis* (DC.) Danser]。

【发病规律】 参阅木麻黄桑寄生。

【防治方法】 参阅木麻黄桑寄生。

黄葛榕枝条上生长桑寄生植株

发病严重的黄葛榕

小叶榕茎干上生长桑寄生植株

发病严重的小叶榕

图3-57 榕树桑寄生田间症状（李增平 摄）

第四部分

相思树、楝科植物病害

海南大量种植的相思树主要是马占相思，常用于橡胶园防护林和公路行道树等，台湾相思、耳叶相思主要零星种植于公园作绿化树或公路行道树。楝科植物主要有非洲楝和苦楝等，非洲楝常种植于公路边作为行道树，或种植于公园、住宅小区、学校校园作为绿化树；苦楝则常种植于农村住宅旁，生长多年后砍伐用来制作家具。相思树上发生严重的病害有红根病、褐根病、二孢假芝茎腐病等，常造成相思树连株枯死；次要病害有白粉病、南方灵芝茎腐病、煤烟病、锈病、绿斑病等。非洲楝和苦楝上发生严重的病害有褐根病、南方灵芝茎腐病，次要病害有非洲楝拟茎点霉叶斑病、苦楝褐斑病、苦楝木层孔菌茎腐病等。

一、相思树病害

台湾相思红根病

【分布及危害】 此病是发生在海南的台湾相思上较为严重的根部病害之一。在海南各个市县种植的台湾相思上均有发生。主要危害台湾相思的茎基和根系，造成其木质部组织白腐，部分叶片黄化枯死，树冠稀疏，重病株整株枯死。

【症状】 发病台湾相思的树冠部分叶片失绿，黄化后脱落，小枝枯死，树冠稀疏，生长不良，重病株整株枯死，具明显发病中心；病根表面平粘一层附泥沙，用水洗后可见枣红色和黑红色革质菌膜，后期病根的木质部组织呈海绵状湿腐，散发出浓烈的蘑菇味；多雨潮湿季节在病株茎基侧面和暴露病根上长出红褐色檐状担子果（图4-1）。

病株树冠稀疏　　　　　　　　　　　　　　　　枯枝

整株枯死　　　　　　　　　病根上长出红褐色具柄担子果

病株茎基长出无柄红褐色担子果

病株茎干伤口处长出红褐色担子果

病根表面平粘一层泥沙

病根表面长有白色菌膜

病根表面长有枣红色菌膜

图4-1　台湾相思红根病田间症状（李增平　摄）

【病原】　为担子菌门、层菌纲、非褶菌目、灵芝属的热带灵芝 [*Ganoderma tropicum*（Jungh.）Bres.]（图4-2）。形态参阅木麻黄红根病。

新生无柄担子果

红褐色无柄担子果

新生具柄担子果

黄褐色具柄担子果

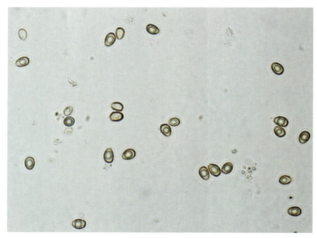

担孢子

红褐色无柄担子果

图4-2 台湾相思上生长的热带灵芝形态（李增平 摄）

【发病规律】 参阅木麻黄红根病。

【防治方法】 参阅木麻黄红根病。

耳叶相思红根病

【分布及危害】　此病是发生在海南的耳叶相思上的常见根部病害之一。在海南各个市县种植的耳叶相思上均有发生。主要危害耳叶相思的茎基和根系，造成其木质部组织白腐，部分叶片黄化枯死，树冠稀疏，重病株整株枯死。

【症状】　发病耳叶相思的树冠部分叶片失绿，黄化后脱落，小枝枯死，树冠稀疏，生长不良，重病株整株枯死，具明显发病中心；病根表面平粘一层附泥沙，用水洗后可见枣红色和黑红色革质菌膜，后期病根的木质部组织呈海绵状湿腐，散发出浓烈的蘑菇味；多雨潮湿季节在病株茎基侧面和暴露病根上长出黄褐色或红褐色檐状担子果（图4-3）。

病株树冠稀疏

落叶和枯枝

整株枯死

茎基长出红褐色担子果

茎干侧面初生担子果

病株树桩上的无柄担子果

病根表面平粘一层泥沙　　　　　根表面长有黑红色革质菌膜　　　　病根木质部组织呈海绵状湿腐

图4-3　耳叶相思红根病田间症状（李增平 摄）

【病原】 为担子菌门、层菌纲、非褶菌目、灵芝属的热带灵芝 [*Ganoderma tropicum* （Jungh.）Bres.]（图4-4）。形态参阅木麻黄红根病。

【发病规律】 参阅木麻黄红根病。

【防治方法】 参阅木麻黄红根病。

黄褐色具柄担子果　　　　　　　　担子果背面灰白色

 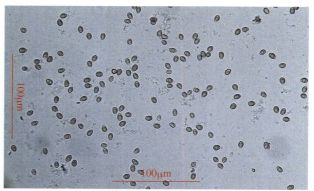

无柄红褐色担子果　　　　　　　　担孢子

图4-4　耳叶相思上生长的热带灵芝形态（李增平 摄）

马占相思红根病

【分布及危害】 此病是海南马占相思上常见的根部病害之一。在海南各个市县种植的马占相思上均有发生。主要危害马占相思的茎基和根系，造成其木质部组织白腐，部分叶片黄化枯死，树冠稀疏，重病株整株枯死。

【症状】 发病马占相思的树冠部分叶片失绿，先变灰绿色，继而变黄后脱落，小枝枯死，树冠稀疏，生长不良，重病株整株枯死，具明显发病中心；病根表面平粘一层泥沙，表面长有白色菌索，水洗后可见枣红色和黑红色革质菌膜，后期病根的木质部组织呈海绵状湿腐，散发出浓烈的蘑菇味；多雨潮湿季节在病株下部茎干侧面和暴露病根上长出黄褐色或红褐色檐状担子果（图4-5）。

【病原】 为担子菌门、层菌纲、非褶菌目、灵芝属的热带灵芝 [*Ganoderma tropicum*（Jungh.）Bres.]（图4-6）。形态参阅木麻黄红根病。

病株叶片失绿发黄　　　　　　　树冠稀疏　　　　　　　　枯枝

整株枯死　　　　　　　　　　　路边发病中心

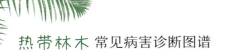

病死树桩上长出黄褐色无柄担子果

病根上长出红褐色具柄担子果

病根表面平粘一层泥沙

病根木质部组织呈海绵状湿腐

图4-5　马占相思红根病田间症状（李增平 摄）

具柄红褐色担子果

无柄红褐色担子果

连生的黄褐色担子果

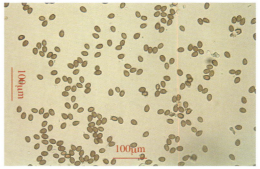
担孢子

图4-6　马占相思上生长的热带灵芝形态（李增平 摄）

【发病规律】　参阅木麻黄红根病。
【防治方法】　参阅木麻黄红根病。

272

马占相思褐根病

【分布及危害】 此病是在海南马占相思上零星发生的根部病害之一。在海南万宁、琼中、海口、澄迈、白沙、儋州等地均有发生。主要危害马占相思的根系，造成马占相思生长不良，树冠稀疏，枯枝，重病株整株死亡。

【症状】 发病马占相思的部分叶片失绿，发黄后脱落，树冠稀疏，生长不良，枯枝，易被强风整株吹倒，病株茎基有时形成烂洞，重病株整株叶片发黄，干枯后脱落；病根表面粘泥沙凹凸不平，分散生长有铁锈色绒毛状菌膜或黑色薄而脆的革质菌膜，病根木质部长有单线褐色渔网状褐纹，后期木质部组织呈蜂窝状干腐，多雨潮湿季节在病株茎基侧面或暴露病根下表面长出黑色的檐状担子果（图4-7）。

【病原】 为担子菌门、层菌纲、非褶菌目、木层孔菌属的有害木层孔菌（*Phellinus noxius* Corner）。病菌的担子果檐状着生在病死马占相思基部茎干和病株桩侧面。担子果木质，无柄，半圆形，上表面黑褐色不平滑，边缘呈黄褐色或锈褐色，下表面灰褐色（图4-8）。

病株叶片失绿发黄

树冠稀疏

小枝枯死

整株枯死

田间发病中心

热带林木 常见病害诊断图谱

根表粘泥具铁锈色菌膜

根表的黑色革质菌膜

根皮内侧的褐色渔网纹

主根木质部表面的褐色渔网纹

后期病根木质部组织呈蜂窝状干腐

图4-7　马占相思褐根病田间症状（李增平　摄）

病株树桩上生长的边缘呈黄褐色的新生担子果

病株树桩上生长的老化黑褐色担子果

图4-8　马占相思上生长的有害木层孔菌形态（李增平　摄）

【发病规律】　参阅橡胶树褐根病。

【防治方法】　参阅木麻黄褐根病。

耳叶相思褐根病

【分布及危害】 此病是海南耳叶相思上零星发生的根部病害之一。在海南乐东、琼中、海口等地均有发生。主要危害耳叶相思的根系，造成树冠稀疏，整株枯死。

【症状】 发病耳叶相思的树冠部分叶片失绿，发黄后脱落，树冠稀疏，生长不良，枯枝，易被强风整株吹倒，重病株整株枯死；病根表面粘泥沙凹凸不平，分散生长有铁锈色绒毛状菌膜或黑色薄而脆的革质菌膜，病根木质部长有单线褐色渔网状褐纹，后期木质部组织干腐，多雨潮湿季节在病株茎基侧面或暴露病根下表面长出黑色的檐状担子果（图4-9）。

【病原】 为担子菌门、层菌纲、非褶菌目、木层孔菌属的有害木层孔菌（*Phellinus noxius* Corner）（图4-10）。形态参阅马占相思褐根病。

【发病规律】 参阅橡胶树褐根病。

【防治方法】 参阅木麻黄褐根病。

初期病株叶片失绿发病

树冠稀疏、枯枝

病根表面粘泥沙凹凸不平

病根木质部表面具渔网状褐纹

图4-9 耳叶相思褐根病田间症状（李增平 摄）

担子果上表面黑褐色

担子果下表面灰褐色

图4-10 耳叶相思上生长的有害木层孔菌形态（李增平 摄）

马占相思南方灵芝茎腐病

【分布及危害】 此病是海南老龄马占相思上的一种常见重要茎干病害。在海南各市县种植的马占相思上均有发现。主要危害马占相思的基部茎干，造成叶片发黄干枯，树冠稀疏，生长不良，重病株整株枯死。

【症状】 马占相思发病前期表现为部分叶片失绿、树冠稀疏、生长不良，后期出现较多枯枝，重病株整株枯死，多雨潮湿季节在病株基部茎干侧面长出土褐色或褐色檐状担子果（图4-11）。

【病原】 为担子菌门、层菌纲、非褶菌目、灵芝属的南方灵芝 [*Ganoderma australe* (Fr.) Pat.]（图4-12）。形态参阅木麻黄南方灵芝茎腐病。

【发病规律】 参阅木麻黄南方灵芝茎腐病。

【防治方法】 参阅木麻黄南方灵芝茎腐病。

重病株整株枯死

病株茎基生长半圆形褐色担子果

茎干上的双生褐色担子果

病株茎干木质部组织白腐

图4-11 马占相思南方灵芝茎腐病田间症状（李增平 摄）

强光、干燥条件下生长的褐色担子果

弱光、潮湿条件下生长的黑色担子果

图4-12 马占相思上生长的南方灵芝形态（李增平 摄）

台湾相思南方灵芝茎腐病

【分布及危害】 此病是发生在海南台湾相思上常见的一种茎干病害。在海南海口、定安、儋州、东方等地种植的台湾相思上有发现。主要危害台湾相思的基部茎干，造成叶片发黄干枯，树冠稀疏，生长不良，重病株整株枯死。

【症状】 台湾相思发病初期表现为部分叶片失绿，树冠稀疏，生长不良，后期出现较多枯枝，重病株整株枯死，多雨潮湿季节在病树基部茎干可见病株桩侧面长出土褐色或褐色檐状担子果（图4-13）。

【病原】 为担子菌门、层菌纲、非褶菌目、灵芝属的南方灵芝 [*Ganoderma australe* (Fr.) Pat.]（图4-14）。形态参阅木麻黄南方灵芝茎腐病。

【发病规律】 参阅木麻黄南方灵芝茎腐病。

【防治方法】 参阅木麻黄南方灵芝茎腐病。

病株桩侧面生长的檐状产孢担子果

病株桩上侧生的担子果

覆盖一层担孢子粉的担子果

病株茎基侧生的担子果

病株叶片失绿发黄

图4-13 台湾相思南方灵芝茎腐病田间症状（李增平 摄）

担子果

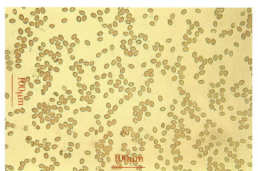

担孢子

图4-14 台湾相思上生长的南方灵芝形态（李增平 摄）

马占相思二孢假芝茎腐病

【分布及危害】 此病是海南马占相思上零星发生的茎干病害之一。在海南东方、万宁、海口、文昌、澄迈、临高、儋州、五指山等地均有发生。主要危害马占相思的茎干，造成部分叶片黄化枯死，树冠稀疏，枯枝，重病株整株死亡。

【症状】 田间发病的马占相思植株生长不良，部分叶片失绿，黄化枯死，树冠稀疏，枯枝，重病株整株死亡。潮湿多雨季节在将死或已病死的马占相思的下部茎干侧面、茎基和病死树桩上长出灰黑色或黑色檐状担子果，茎干组织白腐（图4-15）。

【病原】 为担子菌门、层菌纲、非褶菌目、假芝属的二孢假芝 [Amauroderma subresinosum (Murrill) Corner]。担子果一年生，无柄，菌盖半圆形、舌形或贝壳形，木栓质；上表面黑褐色或亮黑色，近边缘处红褐色，边缘黄褐色或灰白色，下表面黄白色或灰白色，大小（14.7 ~ 19.2）cm×（7.5 ~ 12.3）cm，基部厚2.0 ~ 7.5cm，边缘厚0.3 ~ 0.9cm。担孢子椭圆形，双层壁，外壁透明，内壁浅黄色，内含1 ~ 2个油滴，大小（10.70 ~ 13.65）μm×（6.70 ~ 9.06）μm（图4-16）。

病株叶片失绿发黄

病株出现枯枝

重病株整株枯死

病株茎干基部上生长的扇形担子果

病株茎干上生长的老熟担子果

病株茎干空洞内生长的贝壳状担子果

病株桩上生长的新鲜担子果

病株桩上生长的舌形担子果

病株桩上生长的新鲜担子果

图4-15　马占相思二孢假芝茎腐病田间症状（李增平 摄）

强光、干燥条件下生长的担子果

弱光、潮湿条件下生长的担子果

老化干燥的担子果

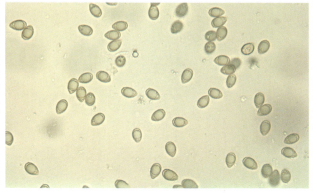
担孢子

图4-16　马占相思上生长的二孢假芝形态（李增平 摄）

　　【发病规律】　病菌以菌丝体或担子果在病死马占相思的立干、倒干、树头的病组织上或其他发病寄生上存活越冬，条件适宜时产生担孢子，借气流或风雨传播到马占相思茎干上的机械伤、虫蛀伤、火烤伤等伤口处侵入定殖引起发病。多雨、潮湿的天气有利于发病，马占相思茎干受白蚁蛀伤，树龄大，荫蔽、潮湿、通风不良等发病重。二孢假芝的寄主较多，已发现的有木麻黄、槟榔、桉树、橡胶树、非洲楝、大叶紫薇等。

　　【防治方法】
　　1.加强马占相思的栽培管理。定期清除病死树的茎干和树头，并进行集中销毁；雨季清沟排水，降低林间湿度。
　　2.药剂防治。定期施杀虫剂防治危害马占相思茎干的白蚁和天牛等害虫，必要时对马占相思的基部茎干在入冬前用树木涂白剂进行涂白保护。

台湾相思假芝根腐病

【分布及危害】 此病是台湾相思上常见的根部病害之一。在海南各地的台湾相思上均有发生。主要危害台湾相思的基部茎干和根系，造成叶片发黄脱落，枯枝，重病株整株死亡。

【症状】 发病的台湾相思最初的表现为叶片失绿、发黄，继而枯黄脱落，树冠变稀疏，生长不良，枯枝多，重病株整株干枯死亡，病株易被强风连根吹倒。病根表面变黑，木质部组织呈黄白色海绵状湿腐，在发病植株的茎干基部、近地面的病根上长出新鲜的灰褐色或灰黑色担子果，担子果下表面灰白色，指压或受其他机械伤后很快变为血红色（图4-17）。

【病原】 为担子菌门、层菌纲、非褶菌目、假芝属的假芝 [*Amauroderma rugosum* (Bl. et Nees) Torrend]。菌株在PDA培养基上的菌落初期呈白色，逐渐从中央开始变淡褐色到深褐色，3个月后菌落边缘长出褐色钉头状微小担子果。田间担子果1年生，有柄或无柄，呈肾形、半圆形或圆形，新鲜时软木栓质，干燥后变硬木质，质量明显变轻，大小 (4.8 ~ 8.5) cm × (4.8 ~ 10.0) cm，担子果上表面灰褐色、暗褐色、黑褐色或黑色，具明显同心环带和放射状皱纹，被青灰色微绒毛；边缘钝或呈截形；下表面新鲜时呈灰白色，用手触摸受伤后迅速变为血红色；菌柄侧生、中生或偏生，圆柱形，与菌盖同色，有时具分叉，表面近光滑或有细绒毛。担孢子近球形，双层壁，外壁无色透明，平滑，内壁淡黄褐色或近无色，有微小刺或小刺不清楚，大小 (8.5 ~ 10.6) μm × (7.1 ~ 8.6) μm（图4-18）。

病株叶片失绿发黄、枯枝

重病株整株枯死

病株茎干生长的檐状担子果

病株近地表根系上生长的担子果

病株茎基生长的担子果

病根上新生担子果

病根木质部组织白腐

图4-17　台湾相思假芝茎腐病田间症状（李增平　摄）

在PDA培养基上生长的菌落

在PDA培养基上生长的子实体

担子果伤变呈血红色

圆形具柄担子果

担孢子

10μm

图4-18　台湾相思上生长的假芝形态（李增平　摄）

【发病规律】　参阅马占相思二孢假芝茎腐病。

【防治方法】　参阅马占相思二孢假芝茎腐病。

相思树白粉病

【分布及危害】 此病是相思树上常见的重要叶部病害之一。在海南各地相思树的幼苗、1 ~ 2 年生幼树及大树茎基萌生的嫩梢上均有发生。主要危害马占相思和耳叶相思的叶片，有时也危害台湾相思的叶片，造成叶片发黄脱落，嫩叶扭曲畸形。

【症状】 叶片发病初期，在叶片上表面呈现点状白粉小斑，扩展后白粉小斑相连成一层白粉状物，真叶失绿发黄后脱落，幼树嫩梢上的嫩叶扭曲畸形，老化叶上的白粉层呈灰白色（图4-19）。

【病原】 为半知菌类、丝孢纲、丝孢目、粉孢属的粉孢菌（*Oidium* sp.）。分生孢子梗从表生菌丝上长出，单生，直立不分枝，具多个分隔；分生孢子串生于分生孢子梗顶端，卵形，单胞无色，大小（31.3 ~ 41.8）μm ×（16.3 ~ 18.8）μm。

台湾相思幼树上的白粉病病斑

台湾相思嫩叶上的白粉病病斑

耳叶相思幼树上的白粉病病斑

耳叶相思叶片上的白粉病病斑

耳叶相思发生白粉病的嫩叶扭曲畸形

发病严重的耳叶相思幼苗

马占相思幼苗真叶上的白粉状物　　　　　　　　　　马占相思幼树上的白粉状物

图4-19　相思树白粉病症状（李增平　摄）

【发病规律】　病菌以菌丝体和分生孢子在病叶上越冬，翌年病斑上的分生孢子借气流传播到相思树新抽嫩叶上，萌发后从叶片表皮直接侵入引起初侵染，发病产生分生孢子不断传播进行再侵染。此病全年均可发生，海南每年11月至翌年5月为其发病高峰期。温度15～30℃、相对湿度30%～90%的气象条件均可发病，潜育期2～5天，冷凉潮湿环境中生长的相思树幼苗、幼树和大树基部萌生的嫩梢发病重。

【防治方法】

1.加强对相思树幼苗和幼树的栽培管理。定期清除苗圃地的杂草，雨季清沟排水，使苗圃地通风透光，降低湿度，减轻病害发生。

2.药剂防治。春季苗圃幼苗发病初期，可选用70%的甲基托布津可湿性粉剂1 000倍液，或15%的粉锈宁可湿性粉剂1 000倍液等药剂进行喷雾防治。

相思树煤烟病

【分布及危害】 此病是相思树上常见的重要叶部病害之一。在海南海口、儋州、临高、屯昌、琼中等地有发生。主要危害台湾相思和耳叶相思的叶片，影响叶片的光合作用。

【症状】 发病相思树叶片上呈现众多黑色小霉斑，霉斑上长有小黑点，病株叶片生长不良，生势弱（图4-20）。

发病的耳叶相思枝条

叶片上黑色霉斑

台湾相思叶片上的黑色霉斑

黑色霉斑上长有小黑点

发病的马占相思幼苗枝条

叶片上的黑色霉斑

图4-20 相思树煤烟病田间症状（李增平 摄）

【**病原**】 为子囊菌门、核菌纲、小煤炱目、小煤炱属的真菌（*Meliola* sp.）。病菌子囊果为闭囊壳，子囊椭圆形，内生2个子囊孢子，子囊孢子褐色，短圆柱形，两端钝圆，4个分隔，5个细胞（图4-21）。

小煤炱属的闭囊壳   菌丝上生长的附着器

闭囊壳及子囊孢子   子囊孢子

图4-21 相思树上的小煤炱属真菌形态（李增平 摄）

【**发病规律**】 相思树上的小煤炱属真菌为专性寄生真菌，病菌以闭囊壳在病叶组织上越冬，翌年条件适宜时释放子囊孢子，借气流传播侵染相思树叶片完成初侵染，发病后产生子囊孢子不断传播进行再侵染。生长衰弱的相思树在阴凉、潮湿的环境条件下易发病。

【**防治方法**】 加强栽培管理，定期清除相思树周围的高草灌木，适当施肥，提高植株抗病力。

台湾相思锈病

【分布及危害】 此病是台湾相思上常见的重要叶部病害之一。在海南海口、儋州、定安、屯昌、琼中等地有发生。主要危害台湾相思的叶片、嫩梢和荚果，造成叶片畸形，易脱落、扭曲，病株生长不良，嫩梢变黑枯死。

【症状】 发病的台湾相思叶片、嫩枝和荚果表面长有众多大小不一的浅绿色、褐色或灰白色的瘤状突起，叶片突起处的背面凹陷，嫩叶畸形，重病株生长不良，嫩梢变黑枯死；浅绿色的瘤状突起上长有性孢子器，褐色瘤状突起上长有夏孢子堆，灰白色瘤状突起上长有冬孢子堆（图4-22）。

【病原】 为担子菌门、冬孢纲、锈菌目、灰冬锈菌属的透灰冬锈菌 [*Poliotolium hyalospora* (Sawade) Mains]。性孢子器浅绿色，夏孢子堆褐色或锈褐色，冬孢子堆灰白色；性孢子卵形或椭圆形，无色单胞；夏孢子黄褐色，纺锤形或梭形，顶端钝，基部平直，表面有疣突和网纹，大小（55 ～ 69）μm ×（19 ～ 22）μm；冬孢子椭圆形，浅黄色，两端钝圆，表面光滑，大小（42.5 ～ 56.8）μm ×（16.2 ～ 27.3）μm（图4-23）。

【发病规律】 病菌以夏孢子和冬孢子在病瘤上越冬，春季通过气流传播夏孢子和担孢子侵染台湾相思新抽嫩叶和嫩梢引起初侵染，发病后产生夏孢子不断传播进行再侵染。每年的3—6月和8—10月发病较重，温度17 ～ 28℃，多雨高湿的气象条件有利于发病。病菌只侵染台湾相思的嫩叶、嫩梢和嫩荚，不侵染老叶，1 ～ 2年生的台湾相思幼苗发病严重。

嫩梢叶片上大小不一的黄绿色瘤状突起

病叶上长有性孢子器的黄绿色瘤状突起

病叶上长有夏孢子堆的褐色瘤状突起

病梢上长有夏孢子堆的褐色瘤状突起

病叶上长有冬孢子堆的灰白色瘤状突起 长有灰白色冬孢子堆的病叶扭曲畸形

发病嫩叶扭曲畸形 田间发病的老化叶

图4-22 台湾相思锈病田间症状（李增平 摄）

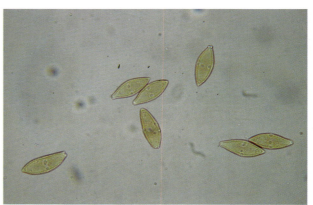

夏孢子 冬孢子

图4-23 台湾相思上的透灰冬锈菌形态（李增平 摄）

【防治方法】

1.物理防治。剪除1～2年生树苗上发病的嫩梢，病叶集中销毁。

2.药剂防治。在幼苗发病初期，选用75%百菌清可湿性粉剂600倍液，或50%的胶体硫300倍液等喷雾防治。

相思树无根藤寄生

【分布及危害】 此病是相思树上零星发生的寄生性种子植物病害之一。在海南昌江、海口、儋州、万宁等地均有发生。主要寄生耳叶相思和马占相思的嫩枝、叶片，发病相思树生长不良，叶片失绿发黄，变褐脱落。

【症状】 发病相思树嫩枝和叶片上长有绿色或黄绿色细线状的无根藤，被寄生的叶片失绿发黄，易变褐干枯，病株生长不良，嫩梢易枯死（图4-24）。

被无根藤寄生的耳叶相思叶片失绿黄化

病株生长不良

耳叶相思叶片变褐干枯

嫩梢枯死

公路边的马占相思被无根藤寄生

从马占相思枝条上垂下的黄绿色无根藤

图4-24　相思树无根藤寄生田间症状（李增平 摄）

　　【病原】　为被子植物门、双子叶植物纲、毛茛目、樟科、无根藤属的无根藤（*Cassytha filiformis* L.）。形态特征参阅木麻黄无根藤寄生。

　　【发病规律】　参阅木麻黄无根藤寄生。

　　【防治方法】　参阅木麻黄无根藤寄生。

相思树菟丝子寄生

【分布及危害】　此病是相思树上零星发生的寄生性种子植物病害之一。在海南海口、儋州等地有发生。主要寄生马占相思和台湾相思的嫩枝、叶片，发病相思树生长不良，叶片失绿发黄，变褐枯死。

【症状】　发病相思树嫩枝和叶片上长有黄色细线状的菟丝子，被寄生嫩枝上的叶片失绿发黄，易变褐干枯，树冠稀疏，枯枝，重病株生长不良（图4-25）。

田间发病的马占相思　　　　　　　　　马占相思嫩梢上寄生的黄色菟丝子

田间发病的台湾相思　　　　　　　　　台湾相思嫩梢上寄生的黄色菟丝子

图4-25　相思树菟丝子寄生田间症状（李增平 摄）

【病原】　属被子植物门、旋花科、菟丝子属的南方菟丝子（*Cuscuta australis* R. Br.）。形态参阅木麻黄菟丝子寄生。

【发病规律】　参阅木麻黄菟丝子寄生。

【防治方法】　参阅木麻黄菟丝子寄生。

相思树桑寄生

【分布及危害】 此病是相思树上零星发生的寄生性种子植物病害之一。在海南海口、儋州、东方、白沙、昌江、五指山、保亭、屯昌、定安、琼中等地均有发生。可寄生马占相思、台湾相思、耳叶相思的枝条和茎干，吸收相思树的水分和营养，导致相思树叶片发黄脱落，生势衰弱，枝条枯死。

【症状】 被寄生的相思树枝条或树干处肿大形成瘤状或纺锤形，其上生长有桑寄生植株；发病相思树叶片发黄脱落，生势衰弱，枝条枯死（图4-26）。

【病原】 为被子植物门、桑寄生科、钝果寄生属的广寄生 [Taxillus chinensis (DC.) Danser]。形态参阅木麻黄桑寄生。

台湾相思枝条上生长的桑寄生

发病严重的台湾相思枝条枯死

马占相思枝条上生长的桑寄生

耳叶相思茎干上生长的桑寄生

图4-26 相思树桑寄生田间症状（李增平 摄）

【发病规律】 参阅木麻黄桑寄生。
【防治方法】 参阅木麻黄桑寄生。

马占相思绿斑病

【分布及危害】 此病是海南马占相思上常见的叶部病害之一。主要危害马占相思的下层老叶，影响叶片的光合作用，导致叶片早衰，生长不良。

【症状】 马占相思发病初期，下层老叶的叶片表面呈现大小不一的黄绿色不规则形斑块，继而形成一层覆盖全叶的黄绿色藻斑，后期藻斑变暗绿色（图4-27）。

马占相思枝梢叶片上的黄绿色藻斑　　　　　　　　　马占相思老叶上的暗绿色藻斑

图4-27 马占相思绿斑病田间症状（李增平 摄）

【病原】 为绿藻门、胶毛藻科、虚幻球藻属的虚幻球藻 [*Apatococcus lobatus* (Chodat) J. B. Petersen]。藻细胞球形，无色，单胞或多胞聚生在一起（图4-28）。

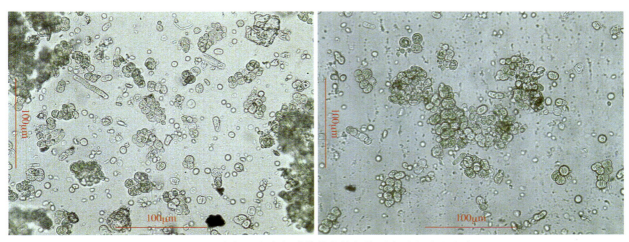

图4-28 马占相思上虚幻球藻的藻体细胞形态（李增平 摄）

【发病规律】 绿斑病在失管、荒芜、缺肥、靠近路边或近海边的马占相思上易发生，在冬春季多雨、空气湿度较大时，病害发展迅速。

【防治方法】 加强对马占相思的栽培管理，定期清理树下的杂草灌木，增施肥料，增强马占相思的抗病力。

二、楝科植物病害

非洲楝褐根病

【分布及危害】 此病在海南儋州、海口、乐东、白沙、琼海、澄迈、临高、万宁等地均有发生。主要危害非洲楝的根系，造成非洲楝树冠稀疏，整株枯死，在乐东山荣农场及儋州两院植物园道路两旁的行道树发病率高达30%以上。

【症状】 发病非洲楝的树冠部分叶片失绿，发黄后脱落，新抽叶片变小，树冠稀疏，生长不良，枯枝，易被强风整株吹倒，重病株整株枯死。生长势较强的大树一侧根系受侵染发病，在茎基部形成凹陷烂洞，病株表现早落叶、抽叶迟缓。病根表面粘泥沙凹凸不平，间生有铁锈色菌膜和黑色薄而脆的革质菌膜，病根木质部长有单线褐色渔网状褐纹，后期木质部组织干腐呈蜂窝状，多雨潮湿季节在病株桩侧面长出黑褐色的檐状担子果（图4-29）。

【病原】 为担子菌门、层菌纲、非褶菌目、木层孔菌属的有害木层孔菌（*Phellinus noxius* Corner）。担子果单生或群生于病株桩侧面，潮湿条件下生长的担子果上表面黑褐色，边缘黄褐色，下表面灰褐色；干旱条件下生长的担子果上表面灰褐色，表面粗糙，下表面灰白色（图4-30）。

病株树冠叶片失绿发黄

新抽叶片变小，树冠稀疏

病株树冠枝条枯死

重病株整株枯死

病根表面间生铁锈色菌膜和黑色菌膜

病根木质部表面呈渔网状褐纹

病根木质部腐烂呈蜂窝状

病株桩侧面生长的黑褐色檐状担子果

图4-29　非洲楝褐根病田间症状（李增平 摄）

潮湿条件下生长的黑褐色担子果

潮湿的担子果下表面呈灰褐色

干燥的担子果下表面呈灰白色

干旱条件下生长的担子果

图4-30　非洲楝上生长的有害木层孔菌形态（李增平 摄）

【发病规律】　参阅橡胶树褐根病。

【防治方法】　参阅木麻黄褐根病。

295

非洲楝拟茎点霉叶斑病

【分布及危害】 此病在海南海口、澄迈等地种植的非洲楝行道树上有发生。主要危害非洲楝的下层叶片，造成叶片大面积坏死后脱落，影响非洲楝的正常生长。

【症状】 非洲楝从春季下层嫩梢新抽的嫩叶开始发病，在叶片的叶尖和叶缘呈现不规则褐色病斑，病斑边缘具明显的褐色线纹。潮湿条件下病斑外围呈黑褐色水渍状，在叶片正反面均长出大量散生小黑色点状分生孢子器，大量分生孢子从孔口溢出后形成分生孢子角；多雨潮湿条件下病斑向叶基扩展迅速，导致叶片大面积坏死后脱落，干燥条件下病斑中央变灰白色，扩展减慢（图4-31）。

嫩梢新抽的嫩叶叶尖呈现的褐色病斑

病斑上散生小黑点状的分生孢子器

发病枝梢老化叶叶尖呈现的灰白色病斑

老化叶叶尖、叶缘呈现的灰白色病斑

图4-31　非洲楝拟茎点霉叶斑病田间症状（李增平 摄）

【病原】 为真菌界、子囊菌门、核菌纲、球壳目、间座壳属的蕉生间座壳菌（*Diaporthe musigena*），无性态为半知菌类、腔孢纲、球壳孢目、拟茎点霉属真菌（*Phomopsis* sp.）。病菌在PDA培养基上生长的菌落正面呈絮状，灰白色，菌丝较浓密，28℃培养22天后菌落表面形成小黑点状的分生孢子器，菌落背面呈暗黄色。病叶上的分生孢子器呈黑褐色，单个散生，初埋生后突破表皮，扁球形，大小（153.05～243.04）μm×（103.19～159.51）μm。分生孢子有α、β两型，α型分生孢子无色单胞，纺锤形，大小（7.80～9.27）μm×（2.54～4.02）μm，多具2个油球；β型分生孢子无色单胞，线形，一端微弯曲，大小（13.45～16.63）μm×（1.36～1.93）μm（图4-32）。

灰白色菌落及黑色分生孢子器

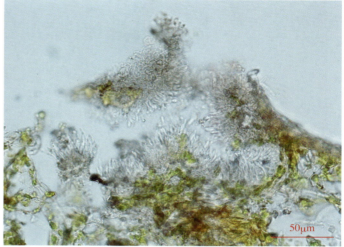
来自病叶的分生孢子器

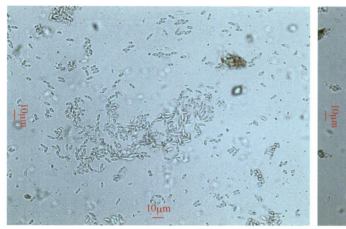
α型分生孢子

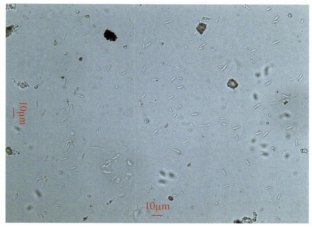
β型分生孢子

图4-32   非洲楝拟茎点霉形态（李增平 摄）

【发病规律】   病菌以分生孢子器在病叶组织内越冬，春季遇降雨后溢出分生孢子，借气流传播到非洲楝下层嫩梢新抽的嫩叶上，萌发后从叶片的叶尖、叶缘处伤口侵入引起发病，产生分生孢子后不断传播，并进行多次再侵染。非洲楝长势弱，新抽嫩叶遇低温寒害后发病重。

【防治方法】   加强对非洲楝栽培管理，冬季增施肥料，提高植株抗病力。

非洲楝南方灵芝茎腐病

【分布及危害】 此病在海南海口、儋州、乐东、琼海、临高、澄迈、白沙等地种植的非洲楝行道树上有发生。主要危害非洲楝的茎干，发病非洲楝叶片失绿发黄，树冠稀疏，生长不良，树冠枝条枯死，最后整株枯死。

【症状】 发病非洲楝树冠枝条上的叶片失绿，无光泽，变黄脱落，生长不良，后期枝条枯死，茎干自上而下回枯；雨季在病株的基部茎干侧面长出褐色檐状担子果（图4-33）。

【病原】 为担子菌门，层菌纲、非褶菌目、灵芝属的南方灵芝 [Ganoderma australe (Fr.) Pat.]。担子果单生、群生或叠生，上表面土褐色，边缘白色，下表面灰白色（图4-34）。

病株树冠稀疏、生长不良　　　　　　　　　重病株整株枯死

病株茎基侧面群生的担子果　　　　　　　病株茎基侧面单生的担子果

图4-33　非洲楝南方灵芝茎腐病田间症状（李增平 摄）

新生的担子果　　　　　　　　　　　　老化的担子果

图4-34　非洲楝茎基部生长的南方灵芝形态（李增平 摄）

【发病规律】 参阅橡胶树南方灵芝茎腐病。

【防治方法】 参阅橡胶树南方灵芝茎腐病。

非洲楝藻斑病

【分布及危害】 此病在海南、广东种植的非洲楝绿化树上有零星发生。主要危害非洲楝老化叶片，影响叶片的光合作用及生长，导致叶片早衰，被害非洲楝生势衰弱，生长不良。

【症状】 发病初期在叶面产生黄绿色针头大的小斑点，逐渐向四周呈放射状扩展，形成直径3～5mm，圆形隆起的黄褐色绒毛状病斑，后期病斑表面变灰白色（图4-35）。

下层枝条叶片上的黄褐色藻斑　　　　　　　叶片上的黄褐色绒毛状圆形藻斑

图4-35　非洲楝藻斑病田间症状（李增平 摄）

【病原】 为绿藻门、橘色藻科、头孢藻属的头孢藻（*Cephaleuros virescens* Kunze）。寄生藻的孢囊梗黄褐色、粗壮，有2～4个明显的隔膜，顶端膨大呈近球状或半球状，其上着生直或弯曲的瓶状小梗，每个小梗顶端着生扁球形或卵形的孢子囊；孢子囊黄褐色，大小（16～20）μm×（16～24）μm。高湿条件下孢子囊释放出肾形游动孢子（图4-36）。

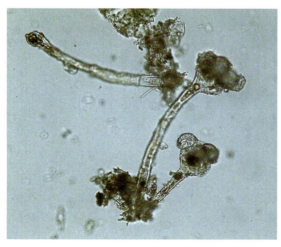 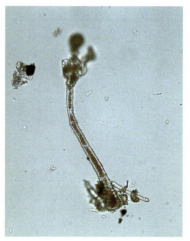

图4-36　非洲楝上寄生的头孢藻的孢囊梗及孢子囊形态（李增平 摄）

【发病规律】 参阅橡胶树藻斑病。

【防治方法】 加强对非洲楝的栽培管理，定期清理树盘杂草，砍除下垂枝，排除积水，科学施肥，增强非洲楝的抵抗力。

非洲楝榕树绞杀

【分布及危害】　此病在海口的海南大学校园等地种植的非洲楝行道树上有零星发生。主要危害非洲楝的茎干和枝条，重病非洲楝叶片黄化脱落，叶片变小、树冠稀疏，生长不良，最终整株枯死。

【症状】　受害非洲楝枝条、茎干上缠绕生长小叶榕植株，下部茎干被小叶榕向下生长且不断增粗愈合的气生根绞缢包裹，病株顶端树冠叶片失绿，提早发黄脱落，新抽嫩叶变小，树冠稀疏，枯枝，生长不良，后期会整株枯死，被小叶榕取代（图4-37）。

初期病株叶片失绿和生长不良

重病株叶片提早发黄脱落且树冠稀疏

病株下部茎干被小叶榕气生根包裹覆盖

不断增粗愈合的小叶榕气生根

图4-37　非洲楝榕树绞杀田间症状（李增平 摄）

【病原】　为植物界、被子植物门、桑科、榕属的绞杀植物小叶榕（*Ficus benjamina*）。

【发病规律】　参考橡胶树、榕树绞杀。

【防治方法】　**物理防治**。定期巡查，及早发现受害非洲楝，人工砍除附着生长在非洲楝茎干上的小叶榕枝叶及气生根。

苦楝褐斑病

【分布及危害】 此病2019年在海口的海南大学基地内种植的苦楝上有发现。主要危害苦楝的叶片，造成叶片提早发黄脱落，影响苦楝的正常生长。

【症状】 发病初期，苦楝下层嫩梢上的小叶片呈现褪绿小黄斑，后期病斑中央呈灰白色，边缘呈褐色，具明显黄色晕圈；潮湿条件下，病斑背面产生灰褐色霉状物。病斑扩展到小叶片中脉后，中脉及侧脉变黄，继而全叶变黄卷曲脱落（图4-38）。

【病原】 为半知菌类、丝孢纲、丝孢目、尾属真菌（*Cercospora* sp.）。病菌的分生孢子梗群生于子座上，淡褐色，短小，具0～1个隔膜，顶端直或曲膝状，孢痕加厚；分生孢子鼠尾形，无色，脐点加厚，具3～6个隔膜（图4-39）。

发病初期苦楝小叶呈现的黄色和灰白色小病斑

后期病斑中央灰白色、边缘褐色、叶脉变黄

苦楝下层嫩梢上的复叶发黄

苦楝复叶上的小叶发黄并卷曲

图4-38 苦楝褐斑病田间症状（李增平 摄）

群生于子座上的短小分生孢子梗

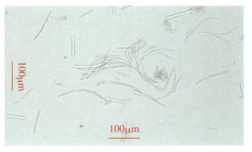
鼠尾形无色分生孢子

图4-39 苦楝褐斑病病菌形态（李增平 摄）

【发病规律】 此病在海南多雨的9—10月易发生，苦楝周围荫蔽潮湿、不通风易发病。

【防治方法】 加强苦楝的栽培管理，雨季清理树盘杂草，排除积水，增强苦楝抗病性。

苦楝木层孔菌茎腐病

【分布及危害】　此病在海南文昌东郊椰林生长的苦楝有发生。主要危害苦楝的枝条或茎干，引起叶片发黄脱落，枝条和茎干枯死。

【症状】　发病苦楝树冠叶片失绿发黄后脱落，小枝枯死，重病株整株枯死。多雨潮湿季节病枝条基部或基部茎干侧面长出檐状担子果（图4-40）。

【病原】　为真菌界、担子菌门、层菌纲、非褶菌目、木层孔菌属的黑壳木层孔菌 [*Phellinus rhabarbarinus* (Berk.) G. Cunn.]。病菌在PDA培养基上生长的菌落呈圆形，菌落上的菌丝呈放射状生长明显，菌落初期灰白色，后变棕褐色。担子果单生、群生或叠生，木质，半圆形或贝壳形，上表面黑褐色，具明显环带，有时其上会覆盖一层绿色苔藓，新生担子果的边缘及下表面锈褐色，老熟担子果下表面绒毛状，棕褐色，密布小孔；担子果大小（3.0～8.0）cm×（2.50～5.51）cm，基部厚1.1～1.9cm，边缘厚0.4～0.5cm，菌肉棕色，菌肉菌丝褐色，尖端两侧存在块状结晶体（图4-41）。

发病苦楝叶片发黄

重病株整株枯死

茎干上群生檐状担子果

枯死小枝基部生长的褐色担子果

枝条上叠生的棕褐色担子果

图4-40　苦楝木层孔菌茎腐病田间症状（李增平　摄）

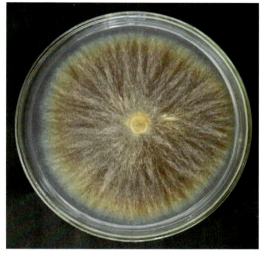

在PDA培养基上生长的菌落　　　　　　　　　　菌肉菌丝及其顶端附着的结晶体

群生、叠生的檐状担子果　　　　　　　　　　　新生担子果下表面呈锈褐色

上表面覆盖苔藓的老熟担子果　　　　　　　　　老熟担子果下表面呈棕褐色

图4-41　苦楝上生长的黑壳木层孔菌形态（李增平　摄）

【发病规律】　病菌在病死枝条或病茎干组织内存活越冬，条件适宜时产生担子果，释放出的担孢子借气流传播到苦楝枝条或茎干上的虫伤或机械伤处，萌发侵入定殖后引起发病。苦楝茎干和枝条受白蚁、天牛等害虫危害或机械伤多易发病。

【防治方法】　加强对苦楝树的栽培管理，清除树盘杂草，排除积水，保护茎干，及时杀虫，防止其茎干受虫伤或机械伤。

苦楝褐根病

【分布及危害】　此病在海南儋州、琼中等地有发生。主要危害苦楝的根系，造成苦楝树冠稀疏，整株枯死，在琼中田间观察到可通过发病苦楝的病根与橡胶树的根系接触传染橡胶树引起橡胶树褐根病。

【症状】　发病苦楝树冠部分叶片失绿，发黄后脱落，树冠稀疏，生长不良，枯枝，易被强风整株吹倒，重病株整株枯死；病根木质部长有单线褐色渔网纹，后期木质部组织干腐呈蜂窝状，多雨潮湿季节在病株桩侧面长出众多锈褐色或黑褐色的檐状担子果（图4-42）。

病根表面的单线褐色渔网纹

病根木质部组织干腐呈蜂窝状

病株桩侧面生长的锈褐色担子果

病株桩侧面生长的黑褐色檐状担子果

图4-42　苦楝褐根病田间症状（李增平 摄）

【病原】　为担子菌门、层菌纲、非褶菌目、木层孔菌属的有害木层孔菌（*Phellinus noxius* Corner）。

【发病规律】　参阅橡胶树褐根病。

【防治方法】　参阅木麻黄褐根病。

苦楝南方灵芝茎腐病

【分布及危害】　此病在海南海口、儋州等地种植的苦楝上有发生。主要危害苦楝的茎干，发病苦楝自上而下回枯，最后整株枯死。

【症状】　发病苦楝树冠枝条上的叶片失绿，无光泽，变黄脱落，生长不良，后期枝条枯死，茎干自上而下回枯，木质部组织白腐，雨季在病株的茎干上下长出褐色檐状担子果（图4-43）。

病株茎基生长的褐色檐状担子果　　　　　　　　　病株桩侧面生长的黑色檐状担子果

图4-43　苦楝南方灵芝茎腐病田间症状（李增平 摄）

【病原】　为担子菌门、层菌纲、非褶菌目、灵芝属的南方灵芝 [*Ganoderma australe*（Fr.）Pat.]（图4-44）。

新生的担子果　　　　　　　　　　　　　　　　老化的担子果

图4-44　苦楝病株上生长的南方灵芝形态（李增平 摄）

【发病规律】　参阅橡胶树南方灵芝茎腐病。

【防治方法】　参阅橡胶树南方灵芝茎腐病。

苦楝丛枝病

【分布及危害】 此病在海南海口、儋州、陵水等地生长的苦楝上有零星发生。主要危害苦楝的枝条，造成苦楝枝条呈现丛枝、带化，叶片变小，枝条枯死。

【症状】 发病苦楝树冠个别枝条顶端呈现丛枝、叶片变细，部分枝条变扁、带化，顶端扭曲，叶片提早变黄脱落，后期枝条枯死（图4-45）。

病株嫩梢顶端的枝条丛生且叶片变细长　　　　　　　　发病枝条带化、顶端扭曲，提早枯死

图4-45　苦楝丛枝病田间症状（李增平 摄）

【病原】 为原核生物界、硬壁菌门、柔膜菌纲、非固醇菌原体目、植原体属的植原体（*Phytoplasma* sp.= MLO）。

【发病规律】 病菌可通过带病种子调运做远距离传播，田间近距离传播可借蜡蝉类昆虫取食传播。

【防治方法】 定期巡查，发现病株及时伐除。

苦楝无根藤寄生

【分布及危害】　此病在海南澄迈、万宁、文昌、儋州等地生长的苦楝上有零星发生。主要危害苦楝的枝条和叶片，造成苦楝叶片提早发黄脱落，枝条枯死，生长不良。

【症状】　发病苦楝树冠枝条和叶片上寄生有绿色细线状的无根藤，从被寄生的枝条上下垂可达2～3m，受害枝条上的叶片提早发黄后脱落，病株生长不良，幼嫩枝条易回枯（图4-46）。

【病原】　为被子植物门、双子叶植物纲、毛茛目、樟科、无根藤属的无根藤（*Cassytha filiformis* L.）。形态特征参阅木麻黄无根藤寄生。

【发病规律】　参阅木麻黄无根藤寄生。

【防治方法】　参阅木麻黄无根藤寄生。

田间被无根藤寄生的苦楝

从苦楝发病枝条上下垂的绿色无根藤

苦楝发病枝条上生长的绿色无根藤

无根藤上结出的绿色浆果

图4-46　苦楝无根藤寄生田间症状（李增平　摄）

苦楝桑寄生

【分布及危害】 此病在海南海口、定安、琼海、文昌、万宁、保亭、五指山、昌江、白沙、儋州、临高、澄迈等地种植的苦楝上普遍发生。主要危害苦楝的枝条，重病苦楝叶片黄化脱落，树冠稀疏，枯枝。

【症状】 发病苦楝枝条上寄生桑寄生植株，被寄生枝条上的叶片提早发黄脱落，新抽嫩叶变小，树冠稀疏，枯枝，生长不良（图4-47）。

【病原】 为植物界、被子植物门、桑寄生科、钝果寄生属的广寄生 [Taxillus chinensis (DC.) Danser=Loranthus chinensis DC.] 和梨果寄生属的红花桑寄生（Scurrula parasitica）。广寄生发生较普遍，红花桑寄生在五指山、保亭等地有发现。

【发病规律】 参阅木麻黄桑寄生。

【防治方法】 参阅木麻黄桑寄生。

田间被广寄生危害的苦楝

苦楝枝条上生长的桑寄生

被广寄生危害的苦楝枝条上的叶片发黄

被广寄生危害的苦楝重病株呈现枯枝

苦楝枝条上生长的红花桑寄生

已开花的红花桑寄生

图4-47 苦楝桑寄生田间症状（李增平 摄）

第五部分 其他热带林木病害

　　花梨木、沉香在海南有成片种植，经济价值较高。印度紫檀、凤凰木、榄仁树、木棉树、银合欢等热带林木在海南主要种植作为行道树。花梨木炭疽病和黑痣病、印度紫檀热带灵芝根腐病和南方灵芝茎腐病、大叶榄仁树炭疽病、假苹婆拟茎点霉叶斑病、桑寄生等病害在海南海口、儋州等地发生危害非常严重。

印度紫檀炭疽病

【分布及危害】 此病在海南海口、澄迈、儋州等地种植的印度紫檀绿化树上有发生。主要危害印度紫檀的叶片，造成叶片大面积坏死，提早发黄后脱落，影响其正常生长。

【症状】 印度紫檀的下层嫩梢上叶片先发病。嫩叶发病初期，叶尖、叶缘呈现褐色小斑，扩展后形成近半圆形或不规则形褐色病斑，病斑边缘具明显黄色晕圈，发病严重时，叶尖、叶缘大面积坏死干枯，病叶变黄，易脱落。老化叶发病，叶尖、叶缘呈现褐色或灰褐色不规则形病斑，病斑的病健交界处具一条较宽的深褐色坏死带，病斑外围有明显可见的黄色晕圈，潮湿条件下，病斑表面散生小黑点状的分生孢子盘（图5-1）。

【病原】 为半知菌类、腔孢纲、黑盘孢目、刺盘孢属的昆士兰炭疽菌（*Colletotrichum queenslandicum*）。形态参考橡胶树炭疽病。

【发病规律】 此病在海南冬春季遇低温阴雨天气易发生。断干树新抽嫩梢和生长于荫蔽处的印度紫檀下层老叶易发病。

【防治方法】 加强栽培管理，及时修剪印度紫檀下层较低的枝叶，对风断锯干后的植株增施肥料，提高其抗病性。

断干树嫩梢发病症状

重病叶片叶尖、叶缘大面积变褐干枯，叶片变黄

嫩梢复叶上的褐色病斑

嫩叶上的近圆形褐色病斑

老化叶上的褐色病斑

病斑上散生小黑点状的分生孢子盘

图5-1 印度紫檀炭疽病田间症状（李增平 摄）

印度紫檀小薄孔菌茎腐病

【分布及危害】　此病在海南儋州两院种植的印度紫檀行道树有零星发生。主要危害印度紫檀受日灼伤的茎干，引起茎干木质部组织白腐，病株生长不良。

【症状】　发病的印度紫檀植株生长不良，在下部茎干受日灼伤的部位长出黄褐色的膜状或众多覆瓦状叠生相连的担子果，病部茎干木质部组织白腐（图5-2）。

【病原】　为担子菌门、层菌纲、非褶菌目、小薄孔菌属的环带小薄孔菌 [*Antrodiella zonata* (Berk.) Ryvarden.]。担子果黄褐色，革质，平伏，数百个覆瓦状叠生于发病茎干表面，长达50cm，宽25cm，用手按压后变暗褐色（图5-3）。

田间发病植株　　　　　　　　　茎干病部长出黄褐色担子果

图5-2　印度紫檀小薄孔菌茎腐病田间症状（李增平 摄）

膜状担子果　　　　　　　　　覆瓦状叠生的担子果

图5-3　病株茎干上生长的环带小薄孔菌担子果（李增平 摄）

【发病规律】　环带小薄孔菌是热带、亚热带地区的常见木腐菌之一，可寄生活树茎干，也可在倒木或朽木上生长。其担孢子通过气流传播到活树茎干上，从受到日灼伤和机械伤的茎干伤口部位侵入，引起茎干组织白腐。

【防治方法】

1.**物理防治**。新移栽的印度紫檀大树，对其基部茎干用毛毡或草绳等进行缠绕保护防日灼损伤。重病株应及时砍除销毁。

2.**药剂防治**。发病初期削除发病茎干组织，并涂波尔多浆或树木涂白剂。

印度紫檀南方灵芝茎腐病

【分布及危害】　此病在海南海口、儋州两院、乐东尖峰等地有发生。主要危害印度紫檀大树的茎干，引起茎干木质部组织白腐，形成条沟，病株生长不良。

【症状】　发病的印度紫檀植株生长不良，病株基部茎干一侧出现较宽的凹陷条沟，内部组织白腐，多雨潮湿季节在病株下部茎干侧面或茎基处长出众多褐色或黑褐色檐状担子果（图5-4）。

病株叶片失绿发黄

病株茎干上生长檐状担子果

病株茎干上形成凹陷条沟

病株茎基生长有黑褐色檐状担子果

病株桩侧面叠生的产孢担子果

病株茎基长出众多褐色担子果

病株茎干上侧生黑褐色檐状担子果

图5-4　印度紫檀南方灵芝茎腐病田间症状（李增平　摄）

【病原】　为担子菌门、层菌纲、非褶菌目、灵芝属的南方灵芝 [*Ganoderma australe* (Fr.) Pat.]。担子果一年生或多年生，半圆形，无柄或具短柄，单生或覆瓦状叠生，大小（10～35）cm ×（7～30）cm，边缘厚0.5～0.9cm，基部厚4～8cm。担子果上表面土褐色，潮湿时呈黑褐色，具环沟和黑色环带；边缘白色，厚钝；下表面灰白色，触摸后变暗褐色或黑色，干燥后呈灰褐色；菌肉呈肉桂色，间有黑色的壳质层。担孢子南瓜子形，双层壁，褐色，新鲜的担孢子顶端有无色透明的喙状突起，老熟担孢子一端平截，大小（5.6～7.3）μm ×（7.3～12.1）μm（图5-5）。

弱光及潮湿条件下单生的黑褐色担子果　　　　弱光及潮湿条件下叠生的黑褐色担子果

强光及干旱条件下生长的具短柄叠生担子果　　　　强光及干旱条件下生长的无柄担子果

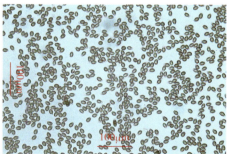

产生担孢子的叠生担子果　　　　　　　担孢子

图5-5　印度紫檀上生长的南方灵芝形态（李增平　摄）

【发病规律】　南方灵芝是热带、亚热带地区常见的木腐菌之一，可寄生多种林木活树茎干，也可在倒木或朽木上生长。其担孢子通过气流传播到活树茎干上的虫伤或机械伤等伤口处侵入，引起茎干组织白腐。荫蔽、潮湿或靠近高大建筑物附近生长的印度紫檀易发病。

【防治方法】

1.农业防治。加强栽培管理，保护茎干，防止损伤，雨季清沟排水，清除树盘杂草和剪除低层枝叶，使其通风透光，降低湿度。

2.药剂防治。发病初期削除发病茎干表皮组织，并喷三唑酮、戊唑醇等杀菌剂或进行茎基涂白保护；及时防治危害其茎干和根系的白蚁。

印度紫檀热带灵芝根腐病

【分布及危害】 此病在海南儋州两院、海口世纪公园、保亭热带植物园等地均有发现。主要危害印度紫檀大树的茎干和根系，引起木质部组织白腐，重病株整株枯死。

【症状】 发病的印度紫檀植株叶片失绿发黄，树冠稀疏，枯枝，重病株整株枯死，茎干和根系木质部组织白腐，冬季病株早落叶，春季迟抽叶。多雨季节在基部茎干侧面和暴露的病根表面长出无柄及具柄红褐色担子果（图5-6）。

病株生长势弱，叶片失绿

病株树冠稀疏，部分枝条枯死

冬季病株早落叶

病株树桩基部生长的红褐色具柄或无柄担子果

病株桩上新生的不规则担子果

病株茎基上新生的具柄担子果

病株暴露根系上生长的无柄担子果　　　　　　病株茎基中央木质部组织白腐

图5-6　印度紫檀热带灵芝根腐病田间症状（李增平　摄）

【病原】　为担子菌门、层菌纲、非褶菌目、灵芝属的热带灵芝（*Ganoderma tropicum*）。病菌菌丝在PDA培养基上生长的菌落初期呈白色，浓厚，培养35天后，菌落中央变为浅黄色。担子果一年生，呈扇形或不规则形，无柄或具短柄，大小（9.3 ～ 15.4）cm ×（4.9 ～ 10.7）cm，基部厚2.5 ～ 4.5cm，边缘厚0.3 ～ 0.6cm，柄长4.6 ～ 6.5cm，柄粗2.2 ～ 4.6cm；担子果上表面红褐色，近边缘处亮黄色，有明显同心圆环带和放射状的纵脊，边缘白色，下表面灰白色，产孢担子果上表面覆盖有一层土褐色的担孢子粉。担孢子为南瓜子形，单胞褐色，新鲜担孢子一端有透明的喙状突起，老熟担孢子透明喙状突起消失变为斜截状，大小（7.4 ～ 8.3）μm ×（9.2 ～ 12.3）μm（图5-7）。

强光、干旱条件下生长的具柄担子果　　　　　弱光、潮湿条件下生长的无柄担子果

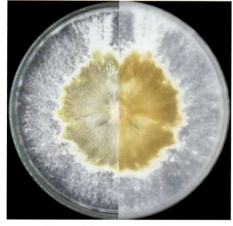
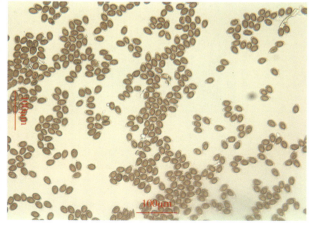

在PDA培养基上生长35天的菌落　　　　　　　担孢子

图5-7　印度紫檀上生长的热带灵芝形态（李增平　摄）

【发病规律】　参阅木麻黄红根病。

【防治方法】　参阅木麻黄红根病。

印度紫檀桑寄生

【分布及危害】　此病在海南海口、儋州等地种植40多年的印度紫檀上发生严重。主要危害印度紫檀的枝条和茎干，重病植株叶片黄化脱落，树冠稀疏，枯枝。

【症状】　发病印度紫檀枝条上寄生桑寄生植株，被寄生枝条上的叶片提早发黄脱落，新抽嫩叶变小，树冠稀疏，枯枝，生长不良（图5-8）。

被桑寄生危害严重的印度紫檀

被寄生的枝条生势衰弱

图5-8　印度紫檀桑寄生田间症状（李增平 摄）

【病原】　为植物界、被子植物门、桑寄生科、钝果寄生属的广寄生 [*Taxillus chinensis*（DC.）Danser=*Loranthus chinensis* DC.]。

【发病规律】　参阅木麻黄桑寄生。

【防治方法】　参阅木麻黄桑寄生。

印度紫檀槲寄生

【分布及危害】　此病在海南儋州两院种植30多年的印度紫檀上有零星发生。主要危害印度紫檀的小枝条，被寄生枝条上的叶片黄化脱落，自顶端回枯。

【症状】　发病的印度紫檀树冠小枝上长有叶片较小的槲寄生植株，小枝上被寄生的部位呈瘤状肿大，小枝顶端叶片黄化脱落，回枯（图5-9）。

【病原】　为植物界、被子植物门、双子叶植物纲、檀香目、桑寄生科、槲寄生属的槲寄生（*Viscum* sp.）。半寄生灌木，枝圆柱形，二叉分枝或对生，节部肿大，节间顶端略扁。叶对生，革质，卵形，长3.0～5.5cm，宽2～3cm，顶端圆（图5-10）。

印度紫檀上生长槲寄生植株　　　　　　　　被寄生的小枝条回枯

图5-9　印度紫檀槲寄生田间症状（李增平　摄）

槲寄生植株　　　　　　　　　　　　　　槲寄生枝条和叶片

图5-10　印度紫檀上生长的槲寄生形态（李增平　摄）

【发病规律】　此类槲寄生常生于柚子、黄皮等果树上。近村庄附近种植的印度紫檀绿化树易被槲寄生危害。

【防治方法】　定期巡查，发现印度紫檀枝条长有槲寄生后及时砍除。

凤凰木热带灵芝根腐病

【分布及危害】 此病在海南儋州两院、海南大学海口校区、三亚崖州湾科技城等地种植的凤凰木行道树上有发现。主要危害凤凰木大树的茎干和根系，引起茎干和根系的木质部组织白腐，叶片失绿发黄脱落，枯枝，重病株整株枯死。

【症状】 发病的凤凰木植株树冠叶片失绿发黄，提早脱落，树冠稀疏，枯枝，重病株整株枯死，茎干和根系木质部组织白腐，冬季病株早落叶，春季迟抽叶。多雨季节在病株基部茎干侧面、死树桩侧面长出无柄和具柄的红褐色担子果（图5-11）。

【病原】 为担子菌门、层菌纲、非褶菌目、灵芝属的热带灵芝（*Ganoderma tropicum*）。担子果一年生，单生或叠生，呈扇形、圆形或不规则形，无柄或具短柄，大小（5.3 ～ 13.4）cm×（3.9 ～ 11.7）cm，基部厚2.2 ～ 5.5cm，边缘厚0.3 ～ 1.3cm，柄长3.6 ～ 7.5cm，柄粗2.5 ～ 4.3cm；担子果上表面红褐色，凹凸不平，近边缘处浅黄色，边缘白色或黄褐色，下表面灰白色。担孢子为南瓜子形，单胞褐色，新鲜担孢子一端有透明的喙状突起，老熟担孢子透明喙状突起消失变为斜截状，大小（7.2 ～ 8.5）μm ×（9.1 ～ 12.2）μm（图5-12）。

病株树冠稀疏、枯枝　　　　病株茎基生长红褐色担子果　　　病株桩侧面生长红褐色担子果

图5-11　凤凰木热带灵芝根腐病田间症状（李增平 摄）

 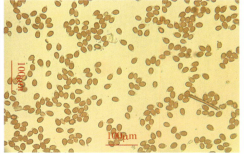

病株茎干上叠生的担子果　　　　　　　担孢子

图5-12　凤凰木上生长的热带灵芝形态（李增平 摄）

【发病规律】 参阅木麻黄红根病。

【防治方法】 参阅木麻黄红根病。

柚木青枯病

【分布及危害】　此病发现于海南乐东黎族自治县尖峰镇苗圃基地。主要危害苗圃幼苗，引起幼苗青绿萎蔫，最后整株枯死。

【症状】　幼苗发病初期，中午气温高时顶端枝叶失水，呈青绿色萎垂青枯，早晚能恢复，后期叶片不再恢复，变褐干枯，整株枯死，剖开茎部组织可见木质部的维管束变灰褐色，高湿条件下溢出乳白色菌脓（图5-13）。

【病原】　为原核生物界、普罗斯特细菌门、劳尔氏菌属的青枯劳尔氏菌 [*Ralstonia solanacearum* (Smith) Yabuuchi]。病原细菌在NA培养基上呈乳白色，黏稠。菌体短杆状，极生1～3根鞭毛，革兰氏染色阴性（图5-14）。

病株根系木质部维管束变黑褐色　　　　　　　病株茎基部切口侧面溢出菌脓

图5-13　柚木青枯病田间症状（李增平　摄）

 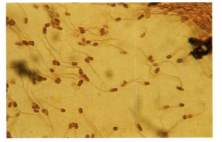

在NA培养基上生长的乳白色菌落　　　　　　　极生鞭毛的短杆状菌体

图5-14　柚木青枯病病菌形态（李增平　摄）

【发病规律】　一般生长6个月到2年的柚木苗易发生青枯病。青枯病为典型的土传病害，病菌大多由根际侵入植株维管束后不断扩展蔓延，使植株萎蔫。病菌主要通过地表流水传播，根茎伤口是病菌侵入的主要途径。土壤pH6～8、温度33～35℃、相对湿度80%以上时，青枯病最易发生，株间连根病害扩展迅速，7—9月是病害发生的高峰期。

【防治方法】

1.科学选地育苗和种植。不选种过木麻黄、桉树、辣椒、番茄、茄子和花生等青枯病病菌寄主植物的地块育苗、种苗或取土作育苗营养土。应选用火烧土或黄泥土作营养土育苗。

2.搞好田园卫生。发病的苗圃地，应开沟排水，及时清除病株并集中销毁。病穴用石灰粉或硫酸铜进行消毒。

水黄皮黑痣病

【分布及危害】 此病在海南海边种植的水黄皮上发生普遍而严重。主要危害水黄皮的叶片，重病叶变黄脱落，影响水黄皮的正常生长。

【症状】 水黄皮嫩叶发病初期，叶面上呈现红褐色圆形小斑点，病斑周围具明显黄色晕圈，继而在病斑上长出黑亮子座。成叶发病，直接在叶面上呈现直径1～3mm小点状的黑亮子座，重病叶变黄后易脱落（图5-15）。

【病原】 为真菌界、子囊菌门、核菌纲、球壳目、黑痣菌属的亚彭黑痣菌（*Phyllachora yapensis* subsp. *pongamiae*）。子座单生或群生于寄主组织表面，内含1个至多个子囊壳，子囊孢子椭圆形，单胞，无色，大小（7.8～8.3）μm×（5.1～5.5）μm（图5-16）。

嫩叶发病呈现红褐色小斑点　　老叶上生长的黑亮子座　　重病叶片失绿发黄　　发病严重的水黄皮植株

图5-15　水黄皮黑痣病田间症状（李增平　摄）

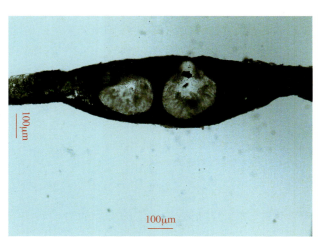 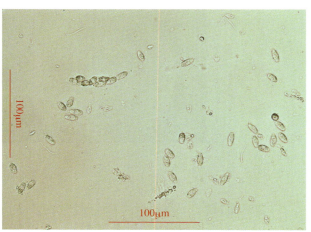

子座内双生的子囊壳　　　　　　子囊孢子

图5-16　水黄皮上的黑痣菌形态（李增平　摄）

【发病规律】 病菌以子座在病叶组织内越冬，条件适宜时释放出子囊孢子，通过气流传播到水黄皮新抽叶片上，萌发后从表皮直接侵入引起初侵染，发病后产生子囊孢子不断传播进行再侵染。失管缺肥的水黄皮发病重。

【防治方法】 加强施肥管理，提高植株抗病性。

花梨木炭疽病

【分布及危害】　此病在海南各市县种植的花梨木幼苗和幼树上发生普遍，是花梨木的重要叶部病害之一。主要危害花梨木的嫩叶，引起叶片大面积变褐坏死，发黄后脱落，影响花梨木的正常生长。

【症状】　花梨木的嫩叶易发病，发病初期叶片上呈现褐色小斑点，扩展后形成不规则形褐色病斑，病斑边缘具黑色坏死线，病斑外围有明显的黄色晕圈。潮湿条件下病斑表面散生大量小黑点状的分生孢子盘，重病叶片大面积坏死后皱缩，变黄后脱落（图5-17）。

重病株叶片发黄，易脱落

嫩叶上具坏死线的不规则形褐色病斑

发病严重的花梨木复叶

老化病叶皱缩畸形

图5-17　花梨木炭疽病田间症状（李增平 摄）

【病原】　为真菌界、半知菌类、腔孢纲、黑盘孢目、刺盘孢属的胶孢炭疽菌（*Colletotrichum gloeosporioides*）。分生孢子短杆状，无色，单胞，两端钝圆，大小（24～31）μm×（8～11）μm。

【发病规律】　参阅橡胶树炭疽病。

【防治方法】　参阅橡胶树炭疽病。

花梨木黑痣病

【分布及危害】 此病在海南各市县种植的花梨木上发生普遍而严重。主要危害花梨木幼苗和幼树的叶片,重病叶变黄脱落,影响花梨木的正常生长。

【症状】 花梨木发病叶片上呈现直径1 ~ 2mm大小的小点状黑亮子座,其子座在叶片表面分散分布或排列成圆圈状。后期子座中央的叶片组织变灰白色坏死,重病叶片变黄后脱落,有时未脱落黄色病叶上的子座周围组织仍然保持绿色,呈现绿岛现象(图5-18)。

【病原】 为真菌界、子囊菌门、核菌纲、球壳目、黑痣菌属的黄檀黑痣菌(*Phyllachora dalbergiicola*)。子座单生或群生于寄主组织表面,内含1个至多个子囊壳,子囊孢子近球形,单胞,无色(图5-19)。

叶片发病初期呈现少量点状黑亮子座   病斑中央坏死,周围长有圈状黑亮子座   发病严重的叶片表面满布黑亮子座   发黄病叶上的子座具绿岛现象

图5-18 花梨木黑痣病田间症状(李增平 摄)

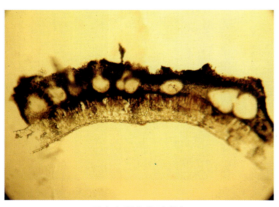

子座内群生的子囊壳   子囊壳及子囊孢子

图5-19 花梨木上的黑痣菌形态(李增平 摄)

【发病规律】 病菌以子座在病叶组织内越冬,条件适宜时释放出子囊孢子,通过气流传播到花梨木新抽嫩叶上,萌发后从表皮直接侵入引起初侵染,发病后产生子囊孢子不断传播进行再侵染。冬春季多雨潮湿天气易发病,苗圃地通风透光不良、荫蔽潮湿发病重。

【防治方法】 **加强栽培管理。** 定期清除苗圃地和幼树林地内及周边的杂草灌木,雨季清沟排水,降低湿度,同时加强施肥管理,提高植株抗病性。

假苹婆拟茎点霉叶斑病

【分布及危害】　此病在海南海口近海边生长的假苹婆行道树上发生严重。主要危害假苹婆的叶片，造成叶片大面积变褐坏死，重病叶提早黄化脱落。

【症状】　假苹婆老叶易发病，在叶尖、叶缘上呈现褐色不规则形病斑，病斑上具波浪纹，病斑边缘具黄色晕圈，后期病斑变灰白色，其上散生小黑点状的分生孢子器，病斑边缘具一条较窄的深褐色坏死带，重病株病叶提早变黄脱落，树冠变稀疏（图5-20）。

【病原】　为真菌界、半知菌类、腔孢纲、球壳孢目、拟茎点霉属的拟茎点霉（*Phomopsis* sp.）。病菌分生孢子器扁球形，初埋生于病叶组织内，后突破表皮外露。分生孢子有α、β两种类型，α型分生孢子无色单胞，纺锤形，多具1个油球；β型分生孢子无色单胞，线形，一端微弯曲（图5-21）。

病叶叶尖呈现不规则形褐色病斑

灰白色的老病斑上散生小黑点

发病植株上的病叶发黄

重病株病叶提早脱落后树冠变稀疏

图5-20　假苹婆拟茎点霉叶斑病田间症状（李增平　摄）

病菌的分生孢子器

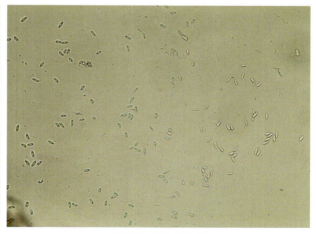
病菌的α型分生孢子

图5-21　假苹婆拟茎点霉叶斑病病菌形态（李增平　摄）

【发病规律】　参阅非洲楝拟茎点霉叶斑病。
【防治方法】　参阅非洲楝拟茎点霉叶斑病。

大叶榄仁树炭疽病

【分布及危害】 此病在海南海口、儋州、万宁、临高、文昌等地生长的大叶榄仁树上有零星发生。主要危害大叶榄仁树的嫩叶和老化叶，造成大叶榄仁树叶片大面积坏死后脱落，生长不良。

【症状】 嫩叶发病，叶尖、叶缘呈现不规则形褐色病斑，病斑边缘具黑色坏死线和明显黄色晕圈，病斑扩大后造成叶片扭曲，大面积变褐坏死，重病叶片干枯。老化叶发病，叶面呈现众多褐色或黑褐色圆形或近圆形小病斑，病斑边缘无黄色晕圈，病斑扩大后中央变灰白色，有时具同心波浪纹，病斑边缘具一条3～5mm宽的黑褐色坏死带，发病严重的老叶皱缩畸形（图5-22）。

树冠内部嫩梢叶片易发病

嫩叶病斑边缘的黑色坏死线

嫩叶上具黄晕圈的不规则形褐色病斑

老化叶上的近圆形褐色病斑

老化叶上的近圆形黑褐色病斑

老化叶上具明显黑褐色坏死带的近圆形病斑

幼苗叶片发病初期的褐色小斑

幼苗叶片发病后期呈现褐色圆斑

老叶上具同心波浪纹的近圆形病斑

发病严重的老叶

图 5-22 大叶榄仁树炭疽病田间症状（李增平 摄）

【病原】 为真菌界、半知菌类、腔孢纲、黑盘孢目、刺盘孢属的热带炭疽菌（*Colletotrichum tropicale*）和暹罗炭疽菌（*C. siamense*）。热带炭疽菌分生孢子无色，单胞，顶端钝圆，基部略尖并弯向一侧，中间具 2 个油滴，大小（22～33）μm ×（9～12）μm，引起大叶榄仁树的坏死线型炭疽病；暹罗炭疽菌分生孢子短杆状，无色，单胞，两端钝圆，大小（27～34）μm ×（10～15）μm，引起大叶榄仁树的圆斑型炭疽病（图 5-23）。

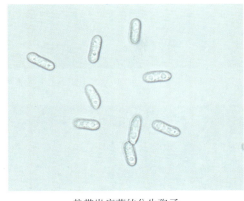
热带炭疽菌的分生孢子

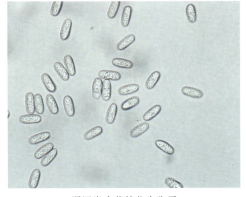
暹罗炭疽菌的分生孢子

图 5-23 大叶榄仁树炭疽病病菌形态（刘芝妤 摄）

【发病规律】 此病在海南多雨、潮湿天气下易发生，坏死线形炭疽病主要危害大叶榄仁大树树冠内部和茎基部新抽嫩梢上的嫩叶，圆斑形炭疽病主要危害大叶榄仁小苗的顶端叶片和大树下层枝条上的老化叶片。

【防治方法】 加强栽培管理。雨季前清除大叶榄仁树盘周围的高草灌木，发病初期及时修剪树冠内部和茎基部新抽的发病嫩梢，并进行销毁。

榄仁树无根藤寄生

【分布及危害】 此病在海南文昌东郊椰林、万宁香水湾等地生长的大叶榄仁树和昌江昌化生长的小叶榄仁树上有零星发生。主要危害榄仁树的枝条和叶片，造成榄仁树叶片提早发黄后脱落，枝条枯死，生长不良。

【症状】 发病榄仁树冠枝条和叶片上寄生有绿色细线状的无根藤，从被寄生的枝条上下垂可达2～3m，受害枝条上的叶片提早发黄后脱落，病株生长不良，幼嫩枝条易回枯（图5-24）。

【病原】 为被子植物门、双子叶植物纲、毛茛目、樟科、无根藤属的无根藤（*Cassytha filiformis* L.）。形态特征参阅木麻黄无根藤寄生。

【发病规律】 参阅木麻黄无根藤寄生。

【防治方法】 参阅木麻黄无根藤寄生。

大叶榄仁树上寄生的无根藤

寄主枝条上下垂的无根藤

小叶榄仁树上寄生的无根藤

寄生在枝叶的无根藤

图5-24 榄仁树无根藤寄生田间症状（李增平 摄）

构树南方灵芝茎腐病

　　【分布及危害】　此病在海南儋州军屯生长的构树上有零星发生。主要危害构树的基部茎干，造成构树基部茎干木质部组织白腐，叶片提早发黄后脱落，枝条回枯，重病株枯死。

　　【症状】　构树发病初期，树冠上的部分叶片失绿发黄，失水萎垂，脱落，树冠稀疏，部分小枝条在叶片脱落后回枯，病株生长不良，基部茎干木质部组织出现白腐，后期重病株整株枯死。多雨潮湿季节在病株下部茎干和茎基部侧面长出褐色或黑褐色檐状担子果（图5-25）。

　　【病原】　为真菌界、担子菌门、层菌纲、非褶菌目、灵芝属的南方灵芝 [*Ganoderma australe* (Fr.) Pat.]。担子果一年生到多年生，木栓质，无柄，半圆形或扇形，有明显的同心环棱，大小（10～12）cm ×（22～24）cm，基部厚3.5～6.5cm，边缘厚0.6～1.2cm。潮湿、弱光条件下生长的担子果上表面呈黑褐色，强光、干旱条件下生长的担子果上表面呈土褐色，生长的担子果边缘呈白色，下表面呈灰白色，菌肉呈肉桂色，干燥的担子果下表面呈灰褐色（图5-26）。担孢子为南瓜子形，双层壁，褐色，大小（5.3～6.6）μm ×（7.3～11.3）μm，新鲜担孢子基部具一个透明的喙状突起，担孢子中央有一较大油滴；老熟担孢子基部喙状突起消失，呈平截状。在PDA培养基上生长的菌落白色，菌丝致密绒毛状，呈放射状生长。

　　【发病规律】　参阅橡胶树南方灵芝茎腐病。

　　【防治方法】　参阅橡胶树南方灵芝茎腐病。

病株叶片黄化、失水萎垂　　　　　小枝回枯　　　　　茎干上生长檐状担子果

图5-25　构树南方灵芝茎腐病田间症状（李增平 摄）

弱光、潮湿条件下生长的黑褐色担子果　　　　强光、干旱条件下生长的土褐色担子果

图5-26　构树茎干上生长的南方灵芝形态（李增平 摄）

构树槲寄生

【分布及危害】 此病在海南儋州两院种植的构树上有零星发生。主要危害构树的小枝条，被寄生枝条上的叶片黄化脱落，自顶端回枯。

【症状】 发病的构树树冠小枝上长有叶片较小的槲寄生植株，小枝上被寄生的部位呈瘤状肿大，小枝顶端叶片黄化脱落，回枯（图5-27）。

【病原】 为植物界、被子植物门、双子叶植物纲、檀香目、桑寄生科、槲寄生属的槲寄生（Viscum sp.）。

【发病规律】 此类槲寄生常生于柚子、黄皮、印度紫檀等树木上。村庄附近种植的作为绿化树的构树易被槲寄生危害。

【防治方法】 定期巡查，发现构树枝条长有槲寄生后及时砍除。

构树枝条上生长有槲寄生植株

小枝上生长的槲寄生

槲寄生植株形态

构树枝条上被寄生部位肿大

图5-27 构树槲寄生田间症状（李增平 摄）

铁刀木热带灵芝根腐病

【分布及危害】　此病在海南海口、昌江霸王岭等地有零星发生。主要危害铁刀木30多年生大树的茎干和根系，引起其木质部组织白腐，重病株整株枯死。

【症状】　发病的铁刀木植株叶片失绿发黄，树冠稀疏，枯枝，重病株整株枯死，茎干和根系木质部组织白腐。多雨季节在病株基部茎干侧面、近地表的病根上长出众多无柄和具短柄的红褐色担子果（图5-28）。

【病原】　为真菌界、担子菌门、层菌纲、非褶菌目、灵芝属的热带灵芝（*Ganoderma tropicum*）。担子果一年生至多年生，单生或叠生，呈扇形或不规则形，无柄或具短柄，大小（7.6 ~ 13.9）cm ×（5.9 ~ 12.7）cm，基部厚2.5 ~ 4.2cm，边缘厚0.3 ~ 0.5cm，柄长1.6 ~ 4.5cm，柄粗3.2 ~ 4.2cm；担子果上表面呈红褐色，近边缘处呈亮黄色，有明显同心圆环带和环纹，生长期的担子果边缘呈白色，下表面呈灰白色，产孢担子果上表面覆盖有一层土褐色的担孢子粉（图5-29）。担孢子南瓜子形，单胞褐色，大小（4.8 ~ 7.4）μm ×（7.3 ~ 9.1）μm。

【发病规律】　参阅木麻黄红根病。

【防治方法】　参阅木麻黄红根病。

病株生长不良　　　　重病株整株枯死　　　　病根上初生的担子果　　　病株茎基生长众多担子果

图5-28　铁刀木热带灵芝根腐病田间症状（李增平　摄）

当年新生担子果　　　　　　　　　多年生产孢担子果

图5-29　铁刀木病株上生长的热带灵芝形态（李增平　摄）

沉香立枯病

【分布及危害】　此病是海南海口等地沉香苗圃基地的常见病害之一。主要危害一年生沉香幼苗的茎干和叶片，造成幼苗整株枯死。

【症状】　幼苗发病初期，嫩叶上呈现不规则形水渍状褐色病斑，继而叶片变褐腐烂，扩展至嫩梢后造成其变褐湿腐；潮湿条件下，病部产生大量虫粪状或粉尘状褐色小菌核，同时病菌产生白色蛛丝状气生菌丝蔓延至老叶上引起叶片变褐腐烂，干枯后脱落。茎干发病后呈现水渍状不规则形褐斑，病斑扩展绕茎一周后，上部茎干干缩枯死（图5-30）。

【病原】　为真菌界、半知菌类、丝孢纲、无孢目、丝核菌属的立枯丝核菌（*Rhizoctonia solani* Kühn）。病叶上的气生菌丝呈白色蛛丝状，在PDA培养基上生长的菌丝初期无色，后期变褐色，具明显的直角分枝，分枝基部缢缩明显；病茎或病叶上产生的近球形小菌核栗褐色，呈虫粪状或粉尘状，大小（0.3 ~ 0.4）mm×（0.4 ~ 0.8）mm（图5-31）。

发病叶片上呈现水渍　　　重病叶变褐枯死　　　病株上蛛丝状菌丝和菌核
状褐色病斑

图5-30　沉香立枯病田间症状（李增平　摄）

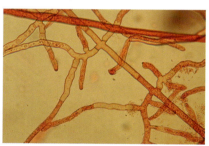 

菌丝直角分枝，基部缢缩　　　　　培养基上生长的小菌核

图5-31　沉香立枯病病菌形态（李增平　摄）

【发病规律】　病菌是一种土壤习居菌，其寄主范围广，人工接种可侵染柚木、非洲棟、大叶桃花心木、凤凰木、虎刺梅、辣椒等多种植物。病菌以菌核在土壤中越冬存活，条件适宜时萌发产生菌丝侵染沉香幼苗下层叶片，发病后产生气生菌丝不断向上和向周围植株蔓延危害，形成明显发病中心。苗圃地湿度大，田间积水，通风透光不良发病重。

【防治方法】

1. **加强栽培管理。** 苗圃地开沟起畦育苗，地面撒生石灰或喷高锰酸钾消毒，利用椰糠、河沙和腐熟的有机肥配制基质育苗。育苗期避免过度淋水，雨季及时清沟排水。

2. **药剂防治。** 发病初期，选用己唑醇、甲基托布津、多菌灵、井冈霉素等药剂喷雾防治。

沉香根腐病

【分布及危害】　此病在海南定安、临高等沉香种植基地均有发生。主要危害沉香基部茎干和根系，造成其表皮湿腐，病株生长不良，重病株整株枯死。

【症状】　大苗移植的沉香植株易发病。发病初期植株叶片易失水卷曲，继而失绿发黄，病叶易脱落，病株生长不良，茎基表皮变褐湿腐，易剥离，部分木质部组织变蓝黑色。重病株枝条自上而下回枯，后期整株枯死（图5-32）。

【病原】　为真菌界、半知菌类、腔孢纲、球壳孢目、毛色二孢属的可可毛色二孢［*Lasiodiplodia theobromae* (Pat.) Griffon & Maubl.］。病菌分生孢子器在子座上单生或聚生，其内产生两型分生孢子，均为椭圆形，两端钝圆，一种单胞无色，另一种双胞褐色，表面有纵脊（图5-33）。

【发病规律】　未开沟平地移植沉香大苗，低洼积水地在雨季易发病。

病株叶片失水卷曲

病叶失绿发黄

病株枝条回枯

病株茎基表皮下面变蓝黑色

病株茎基变褐湿腐

病株茎基发病部位表皮易剥离

病株茎基木质部变蓝黑色

图5-32　沉香根腐病田间症状（李增平　摄）

病株桩表面生长的蓝灰色子座

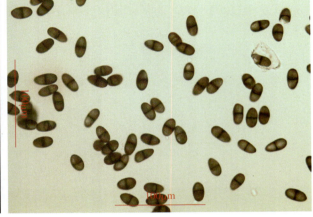

双胞褐色的分生孢子

图5-33　沉香根腐病菌可可毛色二孢形态（李增平　摄）

【防治方法】

1.**加强栽培管理**。平地开沟起畦种植沉香苗，坡地修环山行道种植。雨季清沟排水。

2.**药剂防治**。发病初期，可选用多菌灵、苯莱特等药剂喷淋茎基和根系。

沉香根结线虫病

【分布及危害】　此病在海南儋州、临高、海口、五指山、万宁、东方等沉香种植基地发病较为严重。主要危害沉香的根系，造成根系形成大量根结并腐烂，病株叶片黄化脱落，生长不良，重病株小枝回枯。

【症状】　小苗期种植的沉香植株易发病。发病初期植株从下层老叶开始失绿，黄化，相继脱落，病株生长不良，树冠上的部分小枝回枯，病株侧根和小根上长有大小不一的白色根结，后期根结腐烂，根系坏死（图5-34）。

初期病株叶片失绿

病株叶片黄化易脱落

树冠小枝回枯

病株侧根和小根上长有大小不一的白色根结

重病株根系腐烂

图5-34　沉香根结线虫病田间症状（李增平　摄）

【病原】 为动物界、线虫门、侧尾腺口纲、垫刃目、根结线虫属的多种根结线虫（*Meloidogyne* spp.）。主要有南方根结线虫（*M. incogni*）、爪哇根结线虫（*M. javanica*）和花生根结线虫（*M. arenaria*），其中南方根结线虫是优势种。

【发病规律】 调运带根结线虫病的苗木是沉香根结线虫病远距离传播的主要途径。

【防治方法】

1.加强沉香的苗期管理。选用生荒地表土或椰糠+河沙+牛粪等栽培基质培育无根结线虫病的沉香苗。小苗定植时施用腐熟的牛粪或羊粪等有机肥。

2.药剂防治。对田间发病植株，可选用米乐尔、阿维菌素等药剂施于根际土壤进行防治。

沉香煤烟病

【分布及危害】　此病在海南定安、屯昌、临高等地种植的沉香上发生普遍。主要危害沉香的叶片，造成植株生长不良。

【症状】　发病沉香下层叶片的叶背呈现分散的小斑点状的黑色煤烟状物，病斑上可见长有众多小黑点状的子囊座。重病叶片黑色煤烟状物布满整片叶的叶背（图5-35）。

【病原】　为真菌界、子囊菌门、腔菌纲、小盾座菌目、小盾座菌属的真菌（*Microthyrium* sp.）。表生分隔菌丝生于寄主植物叶片背面，褐色，多弯曲；其上长出半球形盾状坚实的子囊座，内生一个或多个近球形子囊腔；子囊腔具假孔口，内含多个球形双层壁的子囊，内壁子囊突破外壁后呈棒状，其内子囊孢子呈单行排列；子囊孢子近球形，无色至褐色（图5-36）。

绿色叶片背面长有小斑点状的黑色煤烟状物　　　　　　　发病严重的绿色叶片

图5-35　沉香煤烟病田间症状（李增平　摄）

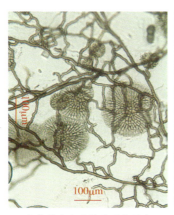  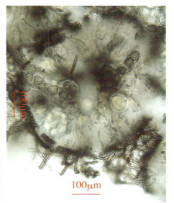

病菌的表生菌丝及盾状子座　　　　子囊腔内的球形子囊　　　　子囊具双层壁

图5-36　沉香上生长的煤烟病病菌形态（李增平　摄）

【发病规律】　病菌以子囊果在病叶组织上存活越冬，翌年条件适宜时释放出子囊孢子，通过气流传播到沉香下层叶片的背面，萌发后从表皮直接侵入引起初侵染，发病后产生子囊孢子不断传播进行再侵染。沉香园管理差、田间排水不良、易积水的发病重。

【防治方法】　**加强沉香园的栽培管理。**平地沉香园要起畦种植，坡地沉香园修环山行种植，雨季清沟排水，除草，降低田间湿度；科学施肥，提高沉香植株的抗病性。

沉香除草剂药害

【分布及危害】 此病在海南定安来自北方农户种植的沉香基地有发生。农户喷洒非耕地使用的除草剂导致沉香幼树根系坏死，病株叶片发黄，生长不良，重病株整株枯死。

【症状】 发病沉香幼树植株成片表现为叶片失绿发黄，小根变褐坏死，生长不良，重病幼树整株枯死；较小的幼龄沉香苗叶全部落光后枯死（图5-37）。

受害沉香植株成片呈现叶片发黄

严重受害沉香植株整株枯死

幼龄沉香苗植株成片枯死

小根变褐坏死

图5-37 沉香除草剂药害田间症状（李增平 摄）

【病原】 误喷75%甲嘧磺隆（绿怕）非耕地使用的水分散粒剂进行除草，导致沉香幼树根系坏死。

【发病规律】 未从事过农业生产的北方农户，使用除草剂不科学易发生此病。

【防治方法】 科学选择合适的除草剂。

樟树南方灵芝茎腐病

【分布及危害】 此病在海南儋州、五指山等地生长的樟树上有零星发生。主要危害樟树的下部茎干，造成茎干组织白腐，树冠稀疏，生长不良，重病株枯死。

【症状】 发病樟树的树冠叶片失绿黄化，提早脱落，新抽叶片变小，树冠稀疏，枯枝，基部茎干木质部组织白腐，重病株整株枯死。多雨潮湿季节在病株下部茎干和茎基侧面长出褐色檐状担子果（图5-38）。

【病原】 为担子菌门、层菌纲、非褶菌目、灵芝属的南方灵芝 [*Ganoderma australe* (Fr.) Pat.]。担子果一年生至多年生，单生或叠生，木质无柄，菌盖扇形或半圆形，大小（5.50 ~ 9.55）cm ×（6.5 ~ 14.3）cm，基部厚2.10 ~ 3.67cm，边缘厚0.40 ~ 0.95cm；担子果上表面褐色，产孢担子果上表面覆盖一层泥粉状的担孢子，边缘白色、圆钝，下表面灰白色，干燥的老熟担子果下表面灰褐色，菌肉褐色，内有黑色壳质层。担孢子南瓜子形，淡褐色，双层壁，大小（5.3 ~ 7.7）μm×（7.9 ~ 11.9）μm。在PDA培养基上生长的菌落呈圆形，白色，菌丝致密，呈放射状生长（图5-39）。

【发病规律】 参考橡胶树南方灵芝茎腐病。

【防治方法】 参考橡胶树南方灵芝茎腐病。

病株顶端枝条回枯　　　　　重病株整株枯死　　　　　病株茎干上长出担子果

图5-38　樟树南方灵芝茎腐病田间症状（李增平 摄）

 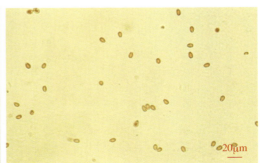

半圆形叠生担子果　　　　　　　　担孢子

图5-39　樟树上生长的南方灵芝形态（李增平 摄）

樟树褐根病

【分布及危害】 此病在海南儋州两院、五指山等地有发生。主要危害樟树的根系，造成樟树树冠稀疏，整株枯死。

【症状】 发病樟树的树冠部分枝条上叶片失绿，发黄后脱落，树冠稀疏，生长不良，枯枝，易被强风整株吹倒，重病株整株枯死；病根表面粘泥沙凹凸不平，间生铁锈色绒毛状菌膜和黑色薄而脆的革质菌膜；病根木质部长有单线渔网状褐纹，后期木质部组织干腐呈蜂窝状。多雨潮湿季节在病株桩侧面长出黑褐色檐状担子果（图5-40）。

【病原】 为担子菌门、层菌纲、非褶菌目、木层孔菌属的有害木层孔菌（*Phellinus noxius* Corner）。

【发病规律】 参阅橡胶树褐根病。

【防治方法】 参阅木麻黄褐根病。

病株树冠稀疏　　　　　　　　　　　　重病株整株枯死

病根表面的铁锈色菌膜和木质部渔网状褐纹　　　　　病根表面粘泥沙凹凸不平

图5-40　樟树褐根病田间症状（李增平 摄）

樟树裂褶菌茎腐病

【分布及危害】 此病在海南儋州两院有零星发生。主要危害生势衰弱的樟树茎干，造成樟树树冠稀疏，枯枝。

【症状】 樟树受强台风风害后，树冠叶片稀少，倾斜的下部树干被太阳西晒灼伤后，长出褐色至灰白色的扇形担子果。发病的茎干组织白腐，病株长势逐渐衰弱，枝条回枯（图5-41）。

【病原】 为真菌界、担子菌门、层菌纲、伞菌目、裂褶菌属的裂褶菌（*Schizophyllum commune* Fr.）。形态特征参阅橡胶树裂褶菌茎腐病。

【发病规律】 参阅橡胶树裂褶菌茎腐病。

【防治方法】 参阅橡胶树裂褶菌茎腐病。

发病茎干上部的小枝回枯且生长不良

病株茎干上生长的褐色担子果

病株茎干上生长的灰白色担子果

边缘开裂的扇形担子果

图5-41 樟树裂褶菌茎腐病田间症状（李增平 摄）

樟树鞘花寄生

【分布及危害】 此病在海南儋州两院有零星发生。主要危害樟树树条，造成樟树枝条提早枯死。

【症状】 受害樟树枝条上长有鞘花植株，被寄生枝条叶片提早发黄脱落，细枝枯死（图5-42）。

【病原】 为植物界、双子叶植物纲、被子植物门、檀香目、桑寄生科、鞘花属的鞘花 [*Marcosolen cochinchinensis* (Lour.) Van Tiegh.]。

【发病规律】 参阅木麻黄桑寄生。

【防治方法】 参阅木麻黄桑寄生。

樟树树冠枝条上的鞘花寄生

被鞘花寄生的枝条出现枯枝

图5-42 樟树鞘花寄生田间症状（李增平 摄）

银合欢南方灵芝茎腐病

【分布及危害】　此病在海南海口、儋州等地有零星发生。主要危害银合欢的基部茎干，造成茎干组织白腐，病株生长不良。

【症状】　发病银合欢树的树冠叶片失绿发黄，卷曲，提早脱落，树冠稀疏，生势变弱，茎干木质部白腐，发病后期重病株整株枯死。多雨潮湿季节在病株基部茎干或树头烂洞内长出褐色檐状担子果（图5-43）。

【病原】　为真菌界、担子菌门、层菌纲、非褶菌目、灵芝属的南方灵芝 [*Ganoderma australe* (Fr.) Pat.]。担子果一年生至多年生，菌盖近扇形或贝壳形，无柄，大小（12 ～ 25）cm ×（17 ～ 32）cm，基部厚3.5 ～ 3.8cm，边缘厚0.60 ～ 1.08cm；担子果上表面褐色至黑褐色，边缘圆钝、白色，下表面灰白色至灰褐色，担孢子南瓜子形，淡褐色，双层壁，新鲜担孢子顶端有无色透明突起，成熟担孢子顶端稍平截，大小（5.5 ～ 6.9）μm ×（7.0 ～ 11.5）μm（图5-44）。

【发病规律】　参阅木麻黄南方灵芝茎腐病。

【防治方法】　参阅木麻黄南方灵芝茎腐病。

病株茎基烂洞内长担子果　　　　　　病株下部茎干上长出檐状褐色担子果

图5-43　银合欢南方灵芝茎腐病田间症状（李增平 摄）

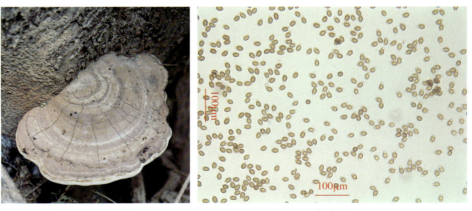

扇形无柄担子果　　　　　　　　　担孢子

图5-44　银合欢上生长的南方灵芝形态（李增平 摄）

银合欢褐根病

【**分布及危害**】 此病在海南儋州、海口等地有发生。主要危害银合欢的根系，造成银合欢树冠稀疏，重病株整株枯死。此病在田间可通过根系接触传染非洲楝和小叶榕。

【**症状**】 发病银合欢树冠部分叶片失绿，发黄后脱落，树冠稀疏，生长不良，枯枝，易被强风整株吹倒，重病株整株枯死；病根表面粘泥沙凹凸不平，间生铁锈色绒毛状菌膜和黑色薄而脆的革质菌膜，病根木质部长有单线渔网状褐纹，后期木质部组织干腐呈蜂窝状，多雨潮湿季节在病株桩侧面长出黑褐色檐状担子果（图5-45）。

【**病原**】 为担子菌门、层菌纲、非褶菌目、木层孔菌属的有害木层孔菌（*Phellinus noxius* Corner）。

【**发病规律**】 参阅橡胶树褐根病。

【**防治方法**】 参阅木麻黄褐根病。

重病株被强风整株吹倒

病根表面粘泥沙凹凸不平

病根表面长有铁锈色或黑色菌膜

病根木质部表面的单线渔网状褐纹

图5-45 银合欢褐根病田间症状（李增平 摄）

木棉树南方灵芝茎腐病

【分布及危害】　此病在海南海口、白沙等地生长的木棉树上有零星发生。

【症状】　发生茎腐病的木棉树，老叶片逐渐枯萎、脱落，幼叶发黄、偏小、长势差，重病株整株枯死，多雨潮湿季节在茎基部长出褐色檐状担子果（图5-46）。

【病原】　为真菌界、担子菌门、层菌纲、非褶菌目、灵芝属的南方灵芝 [*Ganoderma australe* (Fr.) Pat.]。担子果一年生到多年生，单生或叠生，木质，无柄，菌盖呈扇形或不规则形，大小 (5.3 ~ 8.5) cm × (6.2 ~ 13.1) cm；担子果上表面褐色，有同心环纹，边缘白色，圆钝，下表面灰白色或灰褐色。担孢子南瓜子形，淡褐色，大小 (5.1 ~ 7.5) μm × (7.6 ~ 12.3) μm（图5-47）。

【发病规律】　参阅木麻黄南方灵芝茎腐病。

【防治方法】　参阅木麻黄南方灵芝茎腐病。

病株桩侧面生长的檐状担子果　　　　　病株茎基侧面叠生的担子果

图5-46　木棉树南方灵芝茎腐病田间症状（李增平　摄）

叠生的担子果　　　　　　　　　褐色单生的担子果

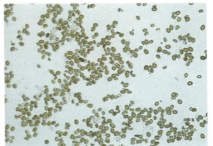

在PDA培养基上生长的菌落　　　　　　　担孢子

图5-47　木棉树上生长的南方灵芝形态（李增平　摄）

母生南方灵芝茎腐病

【分布及危害】 此病在海南儋州两院种植的母生（红花天料木）行道树上有零星发生，发病率1.8%。主要危害母生的基部茎干，发病母生树冠叶片失绿发黄，生长不良。

【症状】 发病母生树冠上的叶片失绿、发黄、易脱落，树冠稀疏，生长不良，小枝条枯死。雨季在病株的基部茎干侧面长出褐色檐状担子果（图5-48）。

【病原】 为担子菌门、层菌纲、非褶菌目、灵芝属的南方灵芝 [*Ganoderma australe* (Fr.) Pat.]。担子果一年生至多年生，单生或叠生，上表面土褐色，边缘白色，下表面灰白色（图5-49）。

【发病规律】 参阅橡胶树南方灵芝茎腐病。

【防治方法】 参阅橡胶树南方灵芝茎腐病。

病株叶片失绿发黄

病株茎基生长的褐色檐状担子果

图5-48 母生南方灵芝茎腐病田间症状（李增平 摄）

多年生檐状担子果

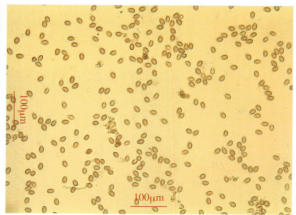
担孢子

图5-49 母生上生长的南方灵芝形态（李增平 摄）

枫树槲寄生

【分布及危害】　此病是在海南儋州、琼中等地枫树上发生较为严重的寄生性种子植物病害。主要危害枫树的小枝条，被寄生枝条上的叶片黄化脱落，自顶端回枯。

【症状】　发病的枫树树冠小枝上长有叶片较小的扁枝槲寄生植株，小枝上被寄生的部位呈瘤状肿大，小枝顶端叶片黄化脱落，回枯（图5-50）。

【病原】　为植物界、被子植物门、双子叶植物纲、檀香目、桑寄生科、槲寄生属的扁枝槲寄生（*Viscum articulatum*）。扁枝槲寄生叶片退化，枝条变扁平，保持绿色。

【发病规律】　扁枝槲寄生通过小鸟取食其浆果排出种子黏附于枫树枝条上进行传播。村庄附近生长的枫树易被扁枝槲寄生危害。扁枝槲寄生可寄生在危害橡胶树、耳叶相思等林木的桑寄生枝条上，呈现重寄生现象（图5-51）。

【防治方法】　定期巡查，发现枫树枝条上长有扁枝槲寄生后及时砍除。

植株发病症状

枝条上的扁枝槲寄生

被寄生的枝条顶端小枝回枯

扁枝槲寄生

枫树枝条上被寄生部位肿大

图5-50　枫树扁枝槲寄生田间症状（李增平　摄）

345

重寄生现象（扁枝槲寄生 - 桑寄生 - 橡胶树）　　　　　　重寄生现象（扁枝槲寄生 - 桑寄生 - 耳叶相思）

图 5-51　扁枝槲寄生的重寄生现象（李增平 摄）

参 考 文 献

蔡志英, 李加智, 何明霞, 2009. 三种热雾剂对橡胶炭疽病大田防治试验 [J]. 热带农业科技 (3): 10-11.

蔡志英, 李加智, 王进强, 等, 2008. 橡胶胶孢炭疽菌和尖孢炭疽菌对杀菌剂的敏感性测定 [J]. 云南农业大学学报 (6):787-790.

曹秀秀, 2021. 桉树病害调查及轮斑病的防治试验 [D]. 南宁: 广西大学.

车海彦, 曹学仁, 沈文涛, 等, 2021. 海南槟榔苗期主要病虫害种类调查 [J]. 热带农业科技 (1): 37-40, 46.

陈德引, 2015. 桉树常见病害及其防治措施探讨 [J]. 现代园艺 (7):95.

陈豪军, 陈永森, 孙晓东, 等, 2011. 两广地区椰子病虫害调查初报 [J]. 广东农业科学 (10): 73-75.

陈礼浪, 李增平, 2016. 木麻黄红根病病原菌鉴定及其生物学特性测定 [J]. 热带作物学报 (6):1188-1193.

陈礼浪, 李增平, 苏惠君, 2016. 海南木麻黄木腐菌物种多样性研究 [J]. 热带作物学报 (10): 2000-2006.

陈慕容, 黄庆春, 罗大全, 等, 1993. 华南五省 (区) 橡胶树褐皮病发生规律调查报告 [J]. 热带作物研究 (3):10-14.

陈慕容, 黄庆春, 叶沙冰, 等, 1992. "保01" 防治橡胶树褐皮病及其作用机理的研究 [J]. 热带作物研究 (1):30-37.

陈慕容, 罗大全, 许来玉, 等, 2000. 橡胶树褐皮病皮接传染研究 [J]. 热带作物学报 (3):15-19.

陈慕容, 杨绍华, 郑冠标, 等, 1991. 橡胶树丛枝病及其与褐皮病关系的研究 [J]. 热带作物学报 (1):65-72.

陈云, 覃妩英, 吴兴飞, 等, 2014. 万宁市槟榔常见病虫害的防治 [J]. 北京农业 (30):153-154.

陈照, 张欣, 蒲金基, 等, 2006. 内吸性杀菌剂对橡胶白根病菌的室内毒力测定 [J]. 农药 (9):641-643.

程乐乐, 李增平, 丁婧钰, 等, 2018. 海南9种棕榈科植物木腐菌的物种多样性及其与温湿度相关性分析 [J]. 热带作物学报 (3):534-539.

程乐乐, 李增平, 王贵贵, 等, 2017. 海南棕榈科植物上的一种新病害: 柄腐病 [J]. 热带作物学报 (12):2340-2346.

崔昌华, 2006. 橡胶老叶炭疽病病原菌的生物学、对药物的敏感性及ITS序列分析 [D]. 儋州: 华南热带农业大学.

崔静秋, 2009. 炭疽菌属与黑痣菌属分类及分子系统发育研究 [D]. 杨凌: 西北农林科技大学.

丁婧钰, 2018. 橡胶树与相思树病原灵芝种类鉴定及生物学特性研究 [D]. 海口: 海南大学.

丁雄飞, 刘昌芬, 1995. 云南橡胶树灵芝分类研究 [J]. 云南热作科技 (2):14-19.

段波, 朱国渊, 阿红昌, 等, 2014. 云南省椰子主要病虫害种类初步调查 [J]. 热带农业科技 (3):23-26.

樊改丽, 2018. 棕榈科植物病害研究进展 [J]. 湖南林业科技 (3): 68-73.

范会雄, 李德威, 黄宏积, 等, 1996. 橡胶树炭疽病发生流行规律及防治研究 [J]. 植物保护 (5):31-32.

范志伟, 董兴国, 1991. 橡胶树上的桑寄生植物 [J]. 热带作物研究 (4):86-89.

冯淑芬, 1989. 橡胶树黑团孢叶斑病病原菌、致病性及室内药物筛选试验 [J]. 热带作物学报 (1):69-76.

冯淑芬, 李凤娥, 何国麟, 等, 1992. 橡胶树黑团孢叶斑病发生规律及防治的研究 [J]. 热带作物学报 (2):57-62.

冯淑芬, 刘秀娟, 王绍春, 等, 1998. 橡胶树炭疽病流行规律 [J]. 热带作物学报 (4):39-44.

冯淑芬, 郑建华, 李凤娥, 1985. 橡胶树黑团孢叶斑病发生危害调查报告 [J]. 热带作物研究 (3):61-64.

付金鑫, 李增平, 张宇, 2024. 黄葛榕根腐病病原菌鉴定及其生物学特性研究 [J/OL]. 植物生理学报, 1-9[2024-05-28].

付金鑫, 李增平, 张宇, 等, 2024. 椰子茎基腐病病原菌的鉴定及致病性测定 [J/OL]. 分子植物育种, 1-10[2024-05-28].

高秀兵, 李增平, 李晓娜, 等, 2010. 橡胶树几种根病的人工接种方法 [J]. 热带作物学报 (4):626-630.

郭东强, 邓紫宇, 郑永邓, 等, 2017. 桉树伞房属4个树种在广西的早期病害调查 [J]. 桉树科技 (4):47-52.

国家天然橡胶产业体系西双版纳综合试验站, 2013. 西双版纳垦区2012年橡胶树季风性落叶病调研简报 [J]. 热带农业科技 (2):14, 22.

何启华、肖永清，1980.橡胶树割面条溃疡病流行规律及综合防治措施[J].热带农业科技 (3):27-33.

胡真臻，2020.我国热区木层孔菌属所致几种林木根腐及茎腐病的病原菌鉴定[D].海口：海南大学.

黄朝豪，1997.热带作物病理学[M].北京：中国农业出版社.

黄天章、郭文硕、黄奕冲，1992.黑痣菌属的研究[J].福建林学院学报(4):371-375.

孔国荣，2018.我国桉树青枯病的研究概况[J].绿色科技(15):165-166.

李晓玲、鲁海菊、张陶，等，2014.中国黑痣菌属(Phyllachora)的 3 个新记录种[J].云南农业大学学报(自然科学)(2):291-292.

李增平、罗大全，2007.橡胶树病虫害诊断图谱[M].北京：中国农业出版社.

李增平、罗大全，2007.槟榔病虫害田间诊断图谱[M].北京：中国农业出版社.

廖旺姣、邹东霞、朱英芝，等，2013.桉树主要真菌性病害研究进展[J].广西林业科学，42(4):359-364.

林春花、彭建华、时涛，等，2010.橡胶树多主棒孢病菌毒素的纯化[J].热带作物学报(6):984-988.

林宇、李增平、吴如慧，等，2019.非洲楝拟茎点霉叶斑病病原菌鉴定及其生物学特性的测定[J].热带生物学报(1): 34-40.

陆家云，2001.植物病原真菌学[M].北京：中国农业出版社.

罗曼诺，1985.橡胶树南美叶疫病及其防治[J].陆佑军，译.热带作物译丛(6):17-21.

罗文扬、罗萍，2007.棕榈科植物的主要病害及其防治 [J].安徽农学通报(7):75-77.

牟海青、朱水芳、徐霞，等，2011.植原体病害研究概况[J].植物保护(3):17-22.

牛晓庆、唐庆华、余凤玉，等，2011.油棕叶斑病的病原鉴定及其生物学特性[J].江西农业学报(11):103-105, 108.

裴汝康、黄雅志、刘昌芬，1985.橡胶黑团孢属叶斑病及其防治的研究[J].植物保护学报(4):281-282.

秦凡文、李增平、符儒民，等，2014.海南橡胶园灵芝属真菌分类研究[J].热带作物学报(10):15-22.

汝康、黄雅志，1981.云南橡胶黑团孢属叶斑病调查初报[J].云南热作科技(3):57-59.

单金雪，2021.热带 14 种林木茎腐病病原菌南方灵芝的初步研究[D].海口：海南大学.

单金雪、李增平、张宇，等，2021.一种木麻黄灵芝茎腐病病原鉴定及生物学特性[J].热带生物学报(1):88-95.

邵志忠、杨雄飞、肖永清，等，1981.橡胶树白粉病对橡胶产量损失的研究[J].云南热作科技年(2):5-13.

史学群，2001.橡胶树对炭疽病抗病机制的研究[D].儋州：华南热带农业大学.

谭安，1981.橡胶割面病害[J].陈汉洲，译.福建热作科技(4):39-41.

滕学琼，2020.我国黑痣菌物种多样性研究[J].农业科技与信息(20):27-29.

滕学琼、李成云、何慕涵，等，2010.我国黑痣菌属 Phyllachora 4 个新记录种(英文)[J].菌物学报(6):918-919.

王龙、王涓、白建相，2009.云南河口地区 2007/2008 年橡胶树寒害普查报告[J].热带农业科技(1):11-14.

王绍春、冯淑芬，2001.粤西地区橡胶树炭疽病流行因素分析[J].热带作物学报(1):15-22.

王晓阳，2016.14 种观赏植物 17 种真菌病害的病原鉴定[D].广州：华南农业大学.

王勇、贺伟、黄烈健，等，2011.马占相思心腐病发生初期的病原鉴定[J].中国农学通报 (16): 11-16.

魏景超，1979.真菌鉴定手册[M].上海：上海科学技术出版社.

吴丽民、洪伟雄，2009.棕榈科植物 4 种拟盘多毛孢病害的鉴定[J].中国农学通报(1):172-175.

吴如慧、李增平、陈礼浪，2019.木麻黄茎腐病病原菌的鉴定及其生物学特性测定[J].热带作物学报(2):334-340.

吴如慧、李增平、程乐乐，等，2019.台湾相思假芝根腐病病原菌的鉴定及其生物学特性测定[J].热带作物学报(8):1590-1597.

吴影梅，1983.海南岛橡胶树寄生性线虫鉴定的研究[J].热带作物学报(2):103-113.

吴影梅，1988.海南岛经济作物线虫研究简报[J].热带作物学报(2):89-96.

肖来云、普正和，1988.西双版纳桑寄生科植物的调查[J].云南植物研究(1):69-78.

肖来云、普正和，1988.西双版纳桑寄生植物的危害调查[J].云南植物研究(4):423-432.

肖永清，1985.橡胶树季风性落叶病区的条溃疡病防治问题[J].热带农业科技(1):9-11.

肖永清，1990.改革橡胶树条溃疡病防治制度[J].热带农业科技(1):13-17.

肖永清，杨雄飞，李家智，1992.橡胶树季风性落叶病的发生和预测预报[J].热带农业科技 (2):7～10, 29.

谢银燕，王松，吴春银，等，2019.木麻黄病虫害及其防治的最新进展[J].江苏农业科学(20): 36-41.

杨鼎超，衷诚明，郭铧艳，等，2018.我国樟树病害分布及防治研究进展[J].生物灾害科学，41 (3): 176-183.

杨雄飞，1991.西双版纳垦区的橡胶季风性落叶病[J].热带农业科技(2):54-58.

杨叶，王兰英，王磊，等，2009.混合杀菌剂对两种橡胶叶斑病的联合作用研究[J].现代农药(3):47-49, 51.

余春江，周亚萍，2014.橡胶树季风性落叶病危害及防治[J].中国农业信息(23):56.

余凤玉，张军，牛晓庆，等，2018.椰子茎干腐烂病发生危害规律研究[J].中国热带农业 (6):43-47.

余树华，张宇，王萌等，2012.15%嘧咪酮热雾剂防治橡胶树白粉病田间试验[J].热带农业科学(5):56-80.

张春霞，何明霞，李加智，等，2008.云南西双版纳地区橡胶炭疽病病原鉴定[J].植物保护(1):103-106.

张春霞，李加智，何明霞，等，2008.两种橡胶炭生物学特性的比较[J].西南农业学报，21(3): 667-670.

张贺，蒲金基，张欣，等，2007.巴西橡胶树棒孢霉落叶病病原菌的生物学特性[J].热带作物学报(3):83-87.

张贺，张欣，蒲金基，等，2008.巴西橡胶树品系对棒孢霉落叶病的抗病性鉴定[J].植物保护(4):54-56.

张劲蔼，毕可可，吴超，等，2020.广州市榕属植物病虫害发生规律研究[J].园林(9):8-14.

张开明，陈舜长，黎乙东，等，1983.防雨帽预防橡胶树条溃疡病的初步研究[J].热带农业科学(3):32-35.

张开明，朱乾海，1986.橡胶树南美叶疫病检疫处理试验和建议[J].热带作物研究(3):31-34.

张欣，蒲金基，谢艺贤，等，2007.巴西橡胶树棒孢霉落叶病发生情况调查[J].植物检疫(6):372-373.

张欣，史学群，2002.橡胶树炭疽病菌的RAPD指纹分析[J].热带作物学报(3):43-46.

张运强，谢艺贤，张辉强，2000.橡胶树红根病病原菌的鉴定（Ⅱ）[J].热带作物学报(1):20-24.

张运强，余卓桐，周世强，等，1992.橡胶树白根病病原菌的鉴定[J].热带作物学报(2):63-70.

张运强，张辉强，邓晓东，1997.橡胶树红根病病原菌的鉴定[J].热带作物学报(1):16-23

张长寿，1992.东风农场橡胶季风性落叶病调查与分析[J].云南热作科技 (4):10-13, 25.

张中润，高燕，黄伟坚，等，2019.海南槟榔病虫害种类及其防控[J].热带农业科学(7): 62-67.

张中义，范静华，李晓玲，等，2005.中国黑痣菌属 Phyllachora 分类研究[J].西北农林科技大学学报（自然科学版)(S1):129-131.

郑冠标，陈慕容，陈作义，等，1982.橡胶树褐皮病传染病因研究初报[J].热带作物学报(2):57-62.

郑冠标，陈慕容，杨绍华，等，1988.橡胶树褐皮病的病因及其防治研究[J].华南农业大学学报(2):22-23.

郑丽，沈会芳，李静，等，2014.油棕病害调查及叶部病害的病原真菌初步鉴定[J].广东农业科学(14):66-69.

朱辉，余凤玉，覃伟权，等2009.海南省槟榔主要病害调查研究 [J].江西农业学报(10): 81-85.

朱清亮，李增平，丁婧钰，等，2023.海南3种相思树红根病病原菌的鉴定[J].热带生物学报(1):111-119.

朱清亮，李增平，张宇，2022.一种木麻黄茎腐病病原菌的鉴定及其生物学特性测定[J].热带生物学报(5):524-531.

JOHN C K，1981.橡胶树南美叶疫病概述[J].张开明，译.热带作物译丛(5):17-21.

PU J J, ZHANG X, Qi Y X, et al., 2007. First record of Corynespora leaf fall disease of Hevea rubber tree in China [J]. Australasian Plant Disease Notes(1):35-36.

QI Y X，PU J J，ZHANG HQ, et al., 2007. Detection of Corynespora cassicola in Hevea rubber tree from China [J]. Australasian Plant Disease Notes(1):153-155.

图书在版编目（CIP）数据

热带林木常见病害诊断图谱 / 李增平，张宇，李振
华著. -- 北京：中国农业出版社，2025.5. -- ISBN
978-7-109-33184-6

Ⅰ. S763.1-64

中国国家版本馆CIP数据核字第20257DU810号

中国农业出版社出版

地址：北京市朝阳区麦子店街18号楼

邮编：100125

责任编辑：陈　瑨

版式设计：王　怡　　责任校对：吴丽婷　　责任印制：王　宏

印刷：北京缤索印刷有限公司

版次：2025年5月第1版

印次：2025年5月北京第1次印刷

发行：新华书店北京发行所

开本：889mm×1194mm　1/16

印张：22.5

字数：660千字

定价：298.00元